Wasserstrahlpumpen

zur Förderung von Flüssigkeiten

Von

Dr. techn. **Ferdinand Schulz**
Professor an der Technischen Hochschule, Wien

und

Dr. techn. **Karl Heinz Fasol**
Assistent an der Technischen Hochschule, Wien

Mit 60 Textabbildungen

Springer-Verlag Wien GmbH

1958

ISBN 978-3-211-80497-1 ISBN 978-3-7091-2307-2 (eBook)
DOI 10.1007/978-3-7091-2307-2

Ursprünglich erschienen bei Springer-Verlag in Vienna 1958.

Vorwort

Das Anwendungsgebiet der Strahlapparate in vielen Industriezweigen ist sehr groß. Wenn man von einigen ausführlichen Aufsätzen absieht, sind in der technischen Literatur dennoch nur spärliche Angaben zu finden, nach denen es möglich ist, Wasserstrahlpumpen zur Förderung von Flüssigkeiten richtig zu dimensionieren. Diese Lücke in der Literatur zu schließen, ist die Aufgabe dieses Buches, mit dessen Erscheinen einem oft geäußerten Wunsch der Praxis nachgekommen wird.

Der erste Schritt in diesem Sinne wurde im Jahre 1951 mit der Herausgabe der Broschüre: „Modellversuche für Wasserstrahl-Wasserpumpen, 1. Versuchsstufe"[9] gemacht. Die Nachfrage nach dieser Arbeit war so groß, daß bereits im Jahre 1952 eine zweite Auflage gedruckt werden mußte, die ebenfalls nach kurzer Zeit vergriffen war. Diese Broschüre war im Buchhandel nicht erhältlich und daher der Öffentlichkeit nur wenig zugänglich. Wie zahlreiche Zuschriften bewiesen haben, war das Interesse an dieser Forschungsarbeit aber so groß, daß der Entschluß nicht schwer fiel, die Materie in Buchform wesentlich erweitert und vervollständigt zu veröffentlichen.

Den Anstoß, die Strahlapparate einer so umfassenden experimentellen Prüfung zu unterziehen, gab im Jahre 1949 ein zunächst beschränkter Forschungsauftrag der Österreichischen Bundesbahnen (ÖBB), nachdem Herr Oberbaurat Dipl.-Ing. A. Ruttner den Vorschlag gemacht hatte, ein mit Großejektoren ausgerüstetes Pumpwerk zu errichten. Es sollten die oberhalb eines Stausees zu fassenden Niederschlagsmengen als Treibwasser dienen, um die unterhalb des Sees gefaßten Gewässer diesem zuzuheben.

Der erste Teil der in diesem Zusammenhang erforderlichen Versuche wurde mit Luft durchgeführt und die Ergebnisse in der oben erwähnten Broschüre zusammengefaßt. Bald darauf wurde die Fortführung der Versuche mit Wasser projektiert, um u. a. das Verhalten bei hohen Drücken und vor allem auch bei Kavitation studieren zu können. Ein zweiter Forschungsauftrag der ÖBB leitete diese Arbeiten ein.

Die Schwierigkeiten, die sich dem Vorhaben entgegenstellten, waren beträchtlich. Wegen der geforderten hohen Drücke konnten die Versuche nicht im Hydrodynamischen Laboratorium des Institutes für Wasserkraftmaschinen und Pumpen an der Technischen Hochschule Wien durchgeführt werden. Es mußte daher ein geeigneter Ort in einem Wasserkraftwerk ausfindig gemacht werden. Er fand sich im Kraftwerk Enzingerboden der ÖBB, das sich für die Errichtung einer Versuchsanlage bestens geeignet erwies und für diesen Zweck bereitgestellt wurde. Besonders derer Dank gebührt den Herren Hofrat Dipl.Ing. H. SCHMIDT und Oberbaurat Dipl.-Ing. F. LACKNER. Die Beschaffung der Versuchsanlage wurde ebenfalls mit Hilfe der ÖBB ermöglicht, die alle Rohrleitungen und den Versuchsejektor beistellte. Die fehlenden Armaturen wurden von der Österreichischen Armaturengesellschaft leihweise zur Verfügung gestellt, wofür Herrn Direktor Dipl.-Ing. R. LIEBL bestens gedankt sei. Die teilweise Finanzierung der Personalkosten für die Versuchsdurchführung, die wegen der großen Entfernung von Wien erheblich waren, wurde mit Unterstützung verschiedener Kraftwerksgesellschaften ermöglicht. Besonders gedankt sei hier Herrn Direktor Dipl.-Ing. Dr. h. c. A. AMMANN der Illkraftwerke A. G., Herrn Direktor Prof. Dr. O. VAS der Österreichischen Elektrizitätswirtschafts-A. G. und Herrn Direktor Dipl.-Ing. E. WERNER der Österreichischen Draukraftwerke A. G.

Die Versuchsarbeiten wurden im Sommer 1954 begonnen und im Herbst 1955 beendet. Sie konnten nur in den Sommermonaten durchgeführt werden, weil der Versuchsstand im Freien aufgebaut war und wegen der Höhenlage des Kraftwerkes (1470 m ü. d. M.) die Frostgefahr nur eine kurze Arbeitsperiode erlaubte.

Gedankt sei auch noch unserem Mitarbeiter, Herrn Dr. H. BÖHM-RAFFAY für viele wertvolle Hinweise und Anregungen und schließlich dem Springer-Verlag für die rasche Drucklegung und sorgfältige Ausführung des Buches.

Wien, April 1958 *Die Verfasser*

Inhaltsverzeichnis

1. Einleitung

Die Anordnung einer Wasserstrahl-Wasserpumpe (Strahlapparat oder Ejektor) ist in Abb. 1 schematisch dargestellt. Die Wirkungsweise eines Strahlapperates besteht darin, daß der Treibstrom vom sekundlichen Gewicht G_1, der als Strahl aus der Treibdüse kontinuierlich austritt, einen Teil seiner Energie an den Saugstrom vom sekundlichen Gewicht G_2 überträgt, wobei sich beide Ströme in der Mischkammer vereinigen. Das Gemisch $(G_1 + G_2)$ verläßt den Strahlapparat durch einen Diffusor. Die wichtigsten Bauelemente des Strahlapparates sind also die Treibdüse T, die Fangdüse F, die Mischkammer M und der Diffusor D. In dem Prinzipbild sind die Reibungsverluste in den Rohrleitungen vernachlässigt, weshalb die eingetragenen Höhen H_1 bis H_3 als Energiehöhen unmittelbar am Ejektor aufzufassen sind. Die Energiehöhe H_2 kann natürlich auch negativ sein.

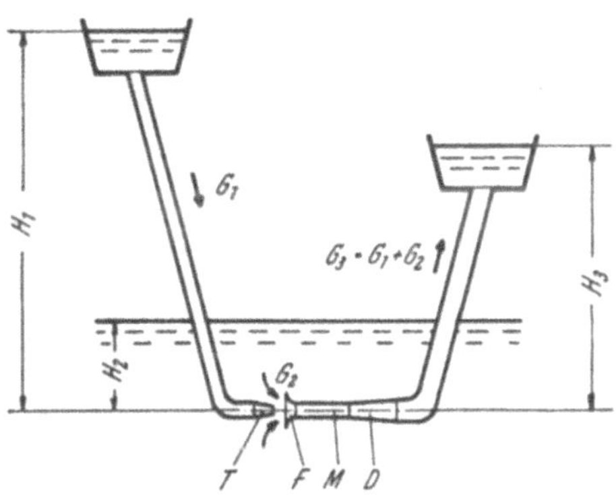

Abb. 1. Prinzip einer Ejektoranlage

Das Prinzip des Ejektors ist altbekannt und wird seit langem für die verschiedensten Zwecke verwendet. Eine der bekanntesten Anwendungen ist die Tiefsaugevorrichtung, die als Zubringerpumpe für kleinere Kreiselpumpen dient, um deren sonst begrenzte Saughöhen zu vergrößern. Die Strahlpumpe wird am Fuß der Saugleitung angebracht und durch einen von der Kreiselpumpe abgezweigten Teilstrom betrieben. Durch diesen wird die Förderflüssigkeit angesaugt und gemeinsam mit dem Treibstrom der Pumpe zugeführt. Konstruktive Angaben über diese Vorrichtung finden sich in der einschlägigen Literatur über Kreiselpumpen.

Weiters werden Strahlpumpen derzeit in der Hauptsache bei vorübergehenden Anordnungen oder dort angewandt, wo die Aufstellung komplizierter Pumpaggregate zu kostspielig ist oder deren einwandfreie Wartung zu hohe Anforderungen an das verfügbare Personal stellt. Der einfache Aufbau der Strahlpumpe und das Fehlen beweglicher Teile ist besonders in jenen Fällen vorteilhaft, in denen die Wartungsfreiheit im Betrieb wünschenswert ist. Das Auspumpen von Kellern, Baugruben, Schächten, das Sümpfen oder Abteufen im Bergbau, das Entwässern bei Kanal-

und Tunnelbauten sind häufige Anwendungsfälle, weil das Fördern verschmutzter und sandhaltiger Wässer den Betrieb der Strahlpumpe wegen des Fehlens beweglicher Bauteile nicht erschwert. Für diese Zwecke wurden z. B. von der Firma Körting die verschiedensten Ejektoren gebaut, wovon in den Abb. 2 und 3 Beispiele älterer Typen wiedergegeben sind. Der Ejektor nach Abb. 3 ermöglicht es, die Treibmenge mittels Regeldüse zu verändern.

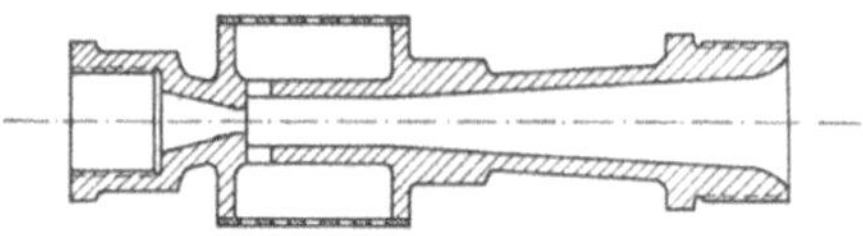

Abb. 2. Wasserstrahlpumpe der Firma Körting

Eine Reihe weiterer Anwendungen des Ejektorprinzipes sind in einer Arbeit von VOGEL[12] zusammengestellt.

Den ersten Schritt, Wasserstrahlpumpen größeren als bis dahin üblichen Ausmaßes zu verwenden, hat STEINWENDER[8, 11] getan, unter dessen Leitung die Wiener Wasserwerke im Bereich der 1. und 2. Wiener Hochquellenleitung mehrere Ejektoren eingebaut haben. Mit Hilfe dieser Strahlpumpen, deren Treibwasser höher liegende Quellen liefern, können jetzt tiefer als der Sammelkanal liegende Quellen und Grundwässer gefaßt werden, die seinerzeit beim Bau der Anlagen nicht verwendet werden konnten. Die Abb. 4, die einer Veröffentlichung von STEINWENDER ent-

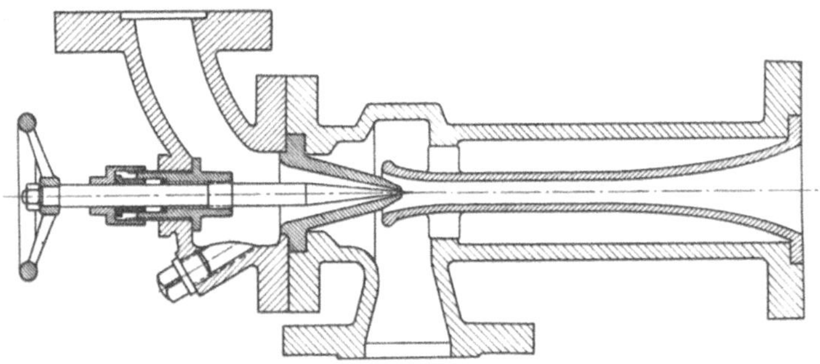

Abb. 3. Wasserstrahlpumpe der Firma Körting

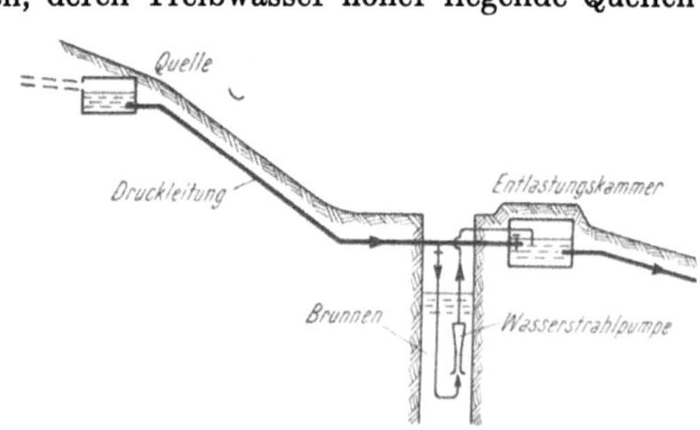

Abb. 4. Grundwassererfassung im Bereich der 1. Wiener Hochquellenleitung

nommen ist, zeigt eine Grundwasserfassung im Bereich der 1. Hochquellenleitung. Die Treibhöhe beträgt 30 m und die Förderhöhe 9 m. Die Treibmenge wird mit 40 l/s und die Saugmenge mit 25 l/s angegeben. Alle Anlagen dieser Art sind seit Jahren ohne jede Wartung in Betrieb. Die Wirkungsgrade der einzelnen Ejektoren liegen nach STEINWENDER zwischen 20 und 25 %.

Die ältere Literatur beschränkt sich meist auf Hinweise über Verwendungszwecke und auf Angabe von Erfahrungswerten für die Dimensionierung. Fallweise werden auch Berechnungsverfahren angegeben, deren Ergebnisse aber mit Versuchen nur unbefriedigend übereinstimmen. Es fällt auf, daß die Form der Ejektoren strömungstechnisch nicht besonders günstig ist und sich im Laufe der Zeit auch nicht wesentlich geändert hat. Die angegebenen Wirkungsgrade sind daher entsprechend niedrig und bewegen sich im allgemeinen zwischen 10 und 25 %.

An neueren, sehr gründlichen Forschungsarbeiten sind vor allem jene von FLÜGEL[3, 4] und von VOGEL[10, 13] zu erwähnen. Die von diesen Forschern untersuchten Ejektoren weisen strömungstechnisch einwandfreie Formen auf und die erreichten Wirkungsgrade liegen zwischen 33 und 37 %. In der Arbeit von VOGEL[13] sind auch bereits Kavitationsuntersuchungen beschrieben, die über den Eintritt der Kavitation und über das Betriebsverhalten im Kavitationsgebiet Aufschluß geben.

Der bisherige Bau von Strahlapparaten beschränkt sich aber auf Apparate verhältnismäßig kleiner Leistungen, und in der Literatur finden sich keine Hinweise auf die Möglichkeit, Großejektoren zu bauen, die bei Treibdrücken von etwa 20 atü und mehr arbeiten und Förderströme bis zu mehreren Kubikmetern pro Sekunde bewältigen können.

Der Bedarf an solchen Ejektoren ist vor allem beim Bau von Speicherkraftwerken gegeben. Zur Füllung großer Speicherbecken ist es nämlich häufig notwendig, außer dem Haupteinzugsgebiet auch benachbarte Einzugsgebiete in Form von Bachbeileitungen heranzuziehen. In Fällen, in welchen es nicht möglich ist, den Bach in einer solchen Höhe zu fassen, daß er unter natürlichem Gefälle dem Speicher zufließen kann, müssen Pumpwerke vorgesehen werden. Im Hochgebirge ist allerdings die Anlage üblicher Pumpwerke, deren ordnungsgemäßer Betrieb dauernde Überwachung und Wartung verlangt, dann nicht möglich, wenn der Aufstellungsort nur sehr schwer oder während eines Teiles des Jahres überhaupt nicht zugänglich ist. In diesem Fall sind vollautomatische Pumpwerke erforderlich, die mit Ejektoren ausgerüstet werden können, wenn genügend Treibwasser aus einer höher gelegenen Fassung zur Verfügung steht.

Entsprechend dieser Forderung nach dem Bau von Großejektoren ist es notwendig, die aufgezeigte Lücke in der Forschung zu schließen. Um die in diesem Zusammenhang auftretenden Probleme zu klären und verläßliche Unterlagen zu schaffen, die gestatten, für jeden Betriebsfall den bestmöglichen Ejektor zu dimensionieren, wird die Frage nach äußerster Leistungsfähigkeit von Ejektoren sowie betriebliche Fragen, insbesondere im Hinblick auf das wartungsfreie Arbeiten, studiert und durch systematische Versuche gelöst. Letztere werden teils im Hydrodynamischen Laboratorium der Technischen Hochschule Wien[9] und teils in einem Hochdruckkraftwerk durchgeführt. Das Versuchsprogramm umfaßt im wesentlichen folgende Punkte:

a) Feststellung der günstigsten Formgebung von Strahlapparaten,

b) Aufnahme eines Kennlinienfeldes als Dimensionierungsgrundlage für alle möglichen Betriebsfälle,

c) Änderung dieses Kennfeldes mit der Re-Zahl sowie Beeinflussung dieses Kennfeldes durch die Einbauverhältnisse,

d) Kavitationsverhalten.

2. Theoretische Untersuchungen

2.1 Berechnungsverfahren

Die üblichen Berechnungsverfahren[1], denen meist die Bestimmung der Mischgeschwindigkeit oder des bei der Mischung auftretenden Verlustes mit Hilfe des Impulssatzes zugrunde liegt, stützen sich auf eine Reihe von vereinfachenden Annahmen, so daß Rechnungs- und Versuchsergebnisse nicht übereinstimmen. Die wesentlichste Vereinfachung liegt in der Annahme, daß der Mischvorgang bei konstantem Druck vor sich geht. Die in Abschnitt 5.1 besprochenen Messungen der Geschwindigkeits- und Druckverteilungen in der Mischkammer zeigen jedoch, daß diese Näherung zu weitgehend ist. Eine weitere Fehlerquelle liegt in der Verwendung geschätzter Verlustwerte.

Bevor auf die einzelnen Verfahren näher eingegangen wird, seien zunächst an Hand der Abb. 5 die im folgenden verwendeten Bezeichnungen erläutert. Die an die Treibleitung anschließende Treibdüse taucht in

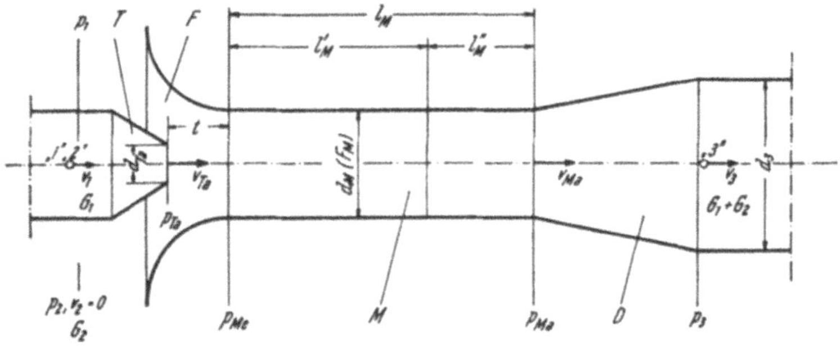

Abb. 5. Schematische Darstellung eines Strahlapparates

die Fangdüse ein, die in der Mischkammer ihre Fortsetzung findet. Physikalisch beginnt die Fangdüse dort, wo der im Saugraum gut verteilte Saugstrom unter dem Einfluß der Form der Fangdüse sich zu beschleunigen beginnt. Sie endet in jenem Querschnitt, in welchem sich Treib- und Saugstrahl treffen. Physikalisch gesehen, beginnt hier auch die Mischkammer. Der Austritts-Querschnitt der Treibdüse würde demnach immer einen Teil des Eintritts-Querschnittes der Mischkammer bilden.

Diese Definition ist jedoch für Versuchszwecke sehr unpraktisch, weil mit jeder Änderung der Treib- oder Fangdüse auch der Mischkammereintrittsquerschnitt und damit die Mischkammer selbst sich ändern würde. Die Versuchsergebnisse ließen sich nur schwer vergleichen. Es ist daher zweckmäßig, Fangdüse und Mischkammer an ihrer durch die Konstruktion gegebenen Übergangsstelle, nämlich am Beginn des zylindrischen Teiles, zu trennen. Durch diese Definition ergibt sich von selbst ein Abstand zwischen Treibdüsen-Austritt und Mischkammer-Eintritt, der mit Treibdüsenabstand t bezeichnet wird. (Nach der physikalischen Definition wäre t immer *0*.) Weiters seien folgende Bezeichnungen festgelegt:

1 Ein Bezugspunkt für den Treibstrom knapp vor dem Eintritt in die Treibdüse.

2 Ein Bezugspunkt für den Saugstrom vor dem Eintritt in die Fangdüse. In dem durch diesen Punkt gehenden Querschnitt muß die Geschwindigkeit noch nicht berücksichtigt werden.

3 Ein Bezugspunkt knapp nach dem Diffusoraustritt.

Die Bezugspunkte liegen in der Achse des Strahlapparates. Alle Größen, die sich auf diese Punkte beziehen, erhalten die Zeiger *1*, *2* und *3*. Jene Größen, die sich auf die Treibdüse T, die Fangdüse F, die Misch-

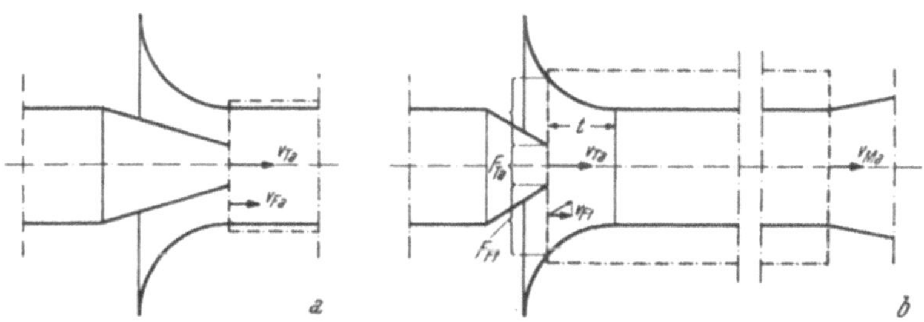

Abb. 6 a und 6 b. Strahlapparate mit Kontrollflächen für die Aufstellung der Impulsgleichungen

kammer M und den Diffusor D beziehen, werden mit den Indizes T, F, M und D versehen. Zugeordnete Eintritts-Querschnitte werden durch den Index e und Austritts-Querschnitte durch a gekennzeichnet.

Bei der Aufstellung der Impulsgleichung für den Strahlapparat ging man bisher immer von der Voraussetzung aus, daß der Treibdüsenabstand $t = 0$ oder zumindest sehr klein sei, so daß bis zum Mischkammereintritt noch kein Abbau des Treibstrahles erfolgt. Diese Annahme erlaubt, den Impulssatz ausschließlich auf die Mischkammer des Ejektors anzuwenden (Kontrollfläche nach Abb. 6 a).

Unter Annahme konstanter Drücke und Geschwindigkeiten in den jeweiligen Querschnitten lautet die Impulsgleichung:

$$F_M (p_{Ma} - p_{Me}) = \frac{G_1}{g} v_{Ta} + \frac{G_2}{g} v_{Fa} - \frac{G_1 + G_2}{g} v_{Ma}. \qquad (1\,a)$$

Es bedeuten:

G_1 das sekundliche Treibgewicht,
G_2 das sekundliche Fördergewicht,
p_{Me} den mittleren Druck am Mischkammereintritt,
p_{Ma} den mittleren Druck am Mischkammeraustritt,
v_{Ta} die mittlere Geschwindigkeit des Treibstromes am Treibdüsenaustritt,
v_{Fa} die mittlere Geschwindigkeit des Saugstromes am Fangdüsenaustritt,
v_{Ma} die mittlere Geschwindigkeit am Mischkammeraustritt,
F_M den Querschnitt der Mischkammer.

Bei größeren Abständen t kann die Impulsgleichung nicht mehr in Form der Gl. (1 a) verwendet werden, weil der Abbau des Treibstrahles auf der Strecke t nicht mehr zu vernachlässigen ist. Es muß dann der Querschnitt F_{Ft} der Fangdüse im Abstand t vom Mischkammereintritt und die in diesem Querschnitt herrschende Geschwindigkeit des Saugstromes bzw. deren in die Achsrichtung fallende Komponente v_{Ft} berücksichtigt werden (Kontrollfläche nach Abb. 6 b).

Die Gl. (1 a) geht sodann über in

$$F_M \cdot p_{Ma} - (F_{Ft} + F_{Ta}) \cdot p_{Ta} = \frac{G_1}{g} v_{Ta} + \frac{G_2}{g} v_{Ft} - \frac{G_1 + G_2}{g} v_{Na}. \quad (1\text{ b})$$

Die auf Gl. (1 a) aufgebauten Verfahren ermöglichen lediglich die Bestimmung des Treibdüsen- und Mischkammerdurchmessers, machen jedoch keine Aussage über die Mischkammerlänge. Die sonstige Formgebung des Strahlapparates entzieht sich überhaupt der Berechnung.

Ein verbessertes, von Flügel[3, 4] entwickeltes Berechnungsverfahren, das auch eine gewisse Bestimmung der Fangdüsenform erlaubt, beruht ebenfalls auf der Gl. (1 a), die durch Berücksichtigung der Wandreibung des Gemisches erweitert wird. Diese wird einem Impulsverlust

$$W = \zeta (G_1 + G_2) \frac{v_{Ma}^2}{2g} \quad (2)$$

gleichgesetzt.

ζ ist ein Beiwert, dessen Größe mit 0,04 bis 0,1 angegeben wird. Die erweiterte Impulsgleichung lautet dann

$$F_M (p_{Ma} - p_{Me}) = \frac{G_1}{g} v_{Ta} + \frac{G_2}{g} v_{Fa} - \frac{G_1 + G_2}{g} v_{Ma} - W \quad (3)$$

oder mit Gl. (2)

$$F_M (p_{Ma} - p_{Me}) = \frac{G_1}{g} v_{Ta} + \frac{G_2}{g} v_{Fa} - \frac{G_1 + G_2}{g} v_{Ma} \left(1 + \frac{\zeta}{2}\right). \quad (4)$$

Auch bei diesem Verfahren liegen als Vereinfachungen die Annahme konstanten Druckes über den Eintritts-Querschnitt der Mischkammer sowie konstanter Geschwindigkeiten über den einzelnen Querschnitten zugrunde. Die Aufstellung einer exakten Impulsgleichung, der eine mathematische Funktion für die Druck- und Geschwindigkeitsverteilung zugrunde gelegt werden müßte, scheitert jedoch daran, daß diese Beziehungen erst versuchsmäßig bestimmt und dann näherungsweise in eine analytische Form gebracht werden müßten. Es scheint daher zweckmäßig, die durch das Verlustglied erweiterte Impulsgleichung beizubehalten, den Wert ζ aber als Korrekturfaktor zu definieren, der alle jene Unsicherheiten berücksichtigt, die sich aus den getroffenen Vereinfachungen ergeben. Wenn nun das Korrekturglied so definiert wird, erkennt man, daß es unmöglich ist, hiefür einen Mittelwert anzugeben. Diese Tatsache geht auch aus dem von FLÜGEL für ζ angegebenen Bereich von 0,04 bis 0,10 hervor. Es gehört eben für jede Bauart des Strahlapparates zu jedem Betriebspunkt ein bestimmter Beiwert, der versuchsmäßig bestimmt werden müßte.

Die Nachrechnung des Beiwertes ζ für Strahlapparate optimaler Bauart, wie sie aus vorliegenden Versuchsergebnissen hervorgehen, bestätigt obige Annahme, daß er sich innerhalb weiter Grenzen ändert. Die Berechnung eines Strahlapparates nach dem geschilderten Verfahren unter Verwendung eines angenommenen Wertes für ζ erscheint daher einigermaßen unsicher.

Eine von VOGEL[10] angegebene Berechnungsmethode, die ebenfalls davon ausgeht, den Druckanstieg in der Mischkammer mit Hilfe des Impulssatzes zu berechnen, benützt so wie das vorher erwähnte Verfahren Verlustbeiwerte, die geschätzt werden müssen. Das im wesentlichen auf Wirkungsgradbetrachtungen beruhende Verfahren wird jedoch durch die Einführung dimensionsloser Kennzahlen sehr übersichtlich.

Die vorangegangene Betrachtung lehrt also, daß es kaum möglich ist, einen Strahlapparat ohne entsprechende Versuchswerte zuverlässig vorauszuberechnen. Lediglich für den Fall der Nullförderung ($G_2 = 0$) können die Betriebspunkte mit Sicherheit vorausbestimmt werden, wie aus späteren Ausführungen hervorgeht.

2.2 Kennlinien

Die Versuchsergebnisse werden zweckmäßig durch Verhältniswerte dargestellt, die den jeweiligen Betriebszustand charakterisieren. Es sind dies das im folgenden definierte Gewichtsverhältnis μ und das Druckverhältnis π.

Das *Gewichtsverhältnis* μ ist als Quotient des sekundlichen Sauggewichtes G_2 zum sekundlichen Treibgewicht G_1 definiert.

$$\mu = \frac{G_2}{G_1} = \frac{\gamma_2 \cdot Q_2}{\gamma_1 \cdot Q_1}. \tag{5}$$

Da die Versuche mit gleichen Medien (Wasser oder Luft) durchgeführt werden, kann wegen der Gleichheit der spezifischen Gewichte das Gewichtsverhältnis

$$\mu = \frac{Q_2}{Q_1} \tag{6}$$

als Verhältnis des Saugstromes zum Treibstrom aufgefaßt werden. Bei den Luftversuchen wird der Gesamtstrom Q_3 und der Treibstrom Q_1 gemessen. Es folgt wegen $Q_3 = Q_1 + Q_2$

$$\mu = \frac{Q_3 - Q_1}{Q_1}. \tag{7}$$

Bei den Wasserversuchen werden der Gesamtstrom Q_3 und der Saugstrom Q_2 gemessen. Für diesen Fall wird

$$\mu = \frac{Q_2}{Q_3 - Q_2}. \tag{8}$$

Das *Energiehöhenverhältnis* (kurz „Druckverhältnis") π ist als Quotient der Energiehöhen-Differenzen $(H_1 - H_2)$ und $(H_3 - H_2)$ definiert.

$$\pi = \frac{H_1 - H_2}{H_3 - H_2}. \tag{9}$$

H_1, H_2 und H_3 sind die auf die in Abb. 5 eingetragenen Bezugspunkte bezogenen Energiehöhen des Treib-, Saug- und Gesamtstromes:

$$H_1 = \frac{p_1}{\gamma_1} + \frac{v_1^2}{2g}, \tag{10 a}$$

$$H_2 = \frac{p_2}{\gamma_2}, \tag{10 b}$$

$$H_3 = \frac{p_3}{\gamma_3} + \frac{v_3^2}{2g}. \tag{10 c}$$

In den Gln. (10) bedeuten:

p_1 den Treibdruck,
p_2 den Saugdruck,
p_3 den Gegendruck,
γ_1, γ_2, γ_3 die zugehörigen spezifischen Gewichte,
v_1 die mittlere Geschwindigkeit in der Treibleitung,
v_3 die mittlere Geschwindigkeit in der Druckleitung.

Die Anteile der Geschwindigkeitsenergien gegenüber den Druckenergien sind häufig sehr klein und können vernachlässigt werden, wodurch π zu einem Druckenergienverhältnis oder bei Gleichheit der spezifischen Gewichte zu einem reinen Druckverhältnis wird. Es soll daher auch im folgenden der Verhältniswert π kurz Druckverhältnis genannt werden.

In einem Schaubild mit dem Druckverhältnis π als Abszisse und dem Gewichtsverhältnis μ als Ordinate erhält man die Kennlinie des Strahlapparates (Abb. 7 a, S. 13). Führt man noch das Verhältnis Treibdüsen-Austrittsdurchmesser d_{Ta} zu Mischkammer-Durchmesser d_M

$$\frac{d_{Ta}}{d_M} = \delta \tag{11}$$

als Parameter ein, erhält man das Kennfeld des Strahlapparates.

Wie später gezeigt wird, können für $\mu = 0$ die Abszissenwerte π_0 der Kennlinien in einfacher Weise berechnet werden. Ein weiterer Vorteil dieses Kennbildes liegt darin, daß die Linien gleichen Wirkungsgrades Gerade sind, die durch den Punkt $\mu = 0$ und $\pi = 1$ gehen, wie aus Kap. 2.4 hervorgeht.

2.3 Nullförderung

Unter Nullförderung ist jener Betriebspunkt zu verstehen, bei dem der Strahlapparat nur das Treibgewicht G_1 bewältigt: Das Fördergewicht $G_2 = 0$ und daher auch das Gewichtsverhältnis $\mu = 0$. Dieser Betriebspunkt stellt demnach einen Grenzfall, nämlich den Anfangspunkt der Kennlinie dar, welcher berechnet werden kann.

Es wird der in Abb. 5 schematisch skizzierte Strahlapparat untersucht. Vorausgesetzt werden gleiche spezifische Gewichte $\gamma_1 = \gamma_2$ und inkompressible Treib- und Förderflüssigkeit, was unter bestimmten Bedingungen auch für Luft angenommen werden kann.

An Energiehöhe am Austritt aus der Treibdüse steht zur Verfügung

$$H_{Ta} = \frac{p_{Ta}}{\gamma_1} + \frac{v_{Ta}^2}{2g}. \tag{12}$$

Da voraussetzungsgemäß keine Förderung eintritt, ist die Ausbildung der Fangdüse belanglos, denn auf die zweifellos vorhandene Austauschbewegung zwischen Treib- und Saugflüssigkeit hat ihre Form keinen Einfluß. Die Fangdüse könnte daher auch geschlossen sein[1]. Es liegt somit der Fall der plötzlichen Erweiterung eines Rohres vor. Daher kann der auftretende Verlust im Mischraum als Stoßverlust nach Borda-Carnot angesehen werden, der jedoch bei reibungsbehafteter Strömung an eine bestimmte, allerdings unbekannte Mischkammer-Länge l_M' gebunden ist.

$$h_{vs} = \frac{(v_{Ta} - v_{Ma})^2}{2g}. \tag{13}$$

Unter der Annahme, daß die Mischraumlänge l_M größer als l_M' ist, entsteht durch Wandreibung längs des Rohrstückes $l_M'' = l_M - l_M'$ ein Verlust

$$h_{vr} = \lambda \frac{l''}{d_M} \cdot \frac{v_{Ma}^2}{2g}. \tag{14}$$

[1] Energiemäßig gesehen ist jedoch die abgeschlossene Fangdüse nicht günstiger als die offene, weil trotzdem eine gewisse Austauschbewegung erhalten bleibt.

Die folgenden Überlegungen gelten nur näherungsweise, wenn im Saugraum eine Flüssigkeit anderer Wichte enthalten ist. Die Austauschbewegung bewirkt dann wahrscheinlich einen, wenn auch geringen Austausch von Flüssigkeitsteilen, so daß am Austritt aus der Mischkammer eine geänderte Wichte vorhanden sein wird. Diese Änderung dürfte aber zu vernachlässigen sein und die auf die Flüssigkeiten gleicher Wichte angestellten Betrachtungen können auch auf diese Fälle ausgedehnt werden, ohne einen nennenswerten Fehler zu begehen.

Die Energiehöhe H_{Ma} am Ende der Mischkammer ergibt sich durch Abzug der Verluste gemäß Gln. (13) und (14) von der Energiehöhe H_{Ta} am Austritt aus der Treibdüse nach Gl. (12):

$$H_{Ma} = \frac{p_{Ma}}{\gamma_1} + \frac{v_{Ma}^2}{2g} = \frac{p_{Ta}}{\gamma_1} + \frac{v_{Ta}^2}{2g} - \frac{(v_{Ta} - v_{Ma})^2}{2g} - \lambda \frac{l_M''}{d_M} \cdot \frac{v_{Ma}^2}{2g}. \quad (15)$$

Die Druckhöhe $\frac{p_{Ma}}{\gamma_1}$ am Ende der Mischkammer kann aber auch unter Berücksichtigung des Diffusorwirkungsgrades η_D aus der Energiegleichung des Diffusors berechnet werden:

$$\frac{p_{Ma}}{\gamma_1} = \frac{p_3}{\gamma_1} - \eta_D \cdot \frac{v_{Me}^2 - v_3^2}{2g}. \quad (16)$$

Einsetzen der Gl. (16) in die Gl. (15) ergibt nach Division durch v_{Ta}^2 den Druckanstieg zwischen Treibdüsenmund und Diffusoraustritt, wobei zu berücksichtigen ist, daß bei Nullförderung $p_{Ta} = p_2$ wird.

$$p_3 - p_{Ta} = p_3 - p_2 = \gamma_1 \frac{v_{Ta}^2}{2g} \left[2 \frac{v_{Ma}}{v_{Ta}} - \left(2 - \eta_D + \lambda \frac{l_M''}{d_M} \right) \frac{v_{Ma}^2}{v_{Ta}^2} - \eta_D \frac{v_3^2}{v_{Ta}^2} \right]. \quad (17)$$

Die Austrittsgeschwindigkeit v_{Ta} aus der Treibdüse kann mit Hilfe der Energiedifferenz

$$\left(H_1 - \frac{p_2}{\gamma_1} \right)$$

und dem Düsenreibungswert φ_T berechnet werden.

$$v_{Ta} = \varphi_T \sqrt{2g \left(H_1 - \frac{p_2}{\gamma_1} \right)}. \quad (18)$$

Weiters werden gemäß der Kontinuitätsgleichung die Geschwindigkeitsverhältnisse durch die Durchmesserverhältnisse ausgedrückt:

$$\frac{v_{Ma}}{v_{Ta}} = \left(\frac{d_{Ta}}{d_M} \right)^2 = \delta^2, \quad (19\text{ a})$$

$$\frac{v_3}{v_{Ta}} = \left(\frac{d_{Ta}}{d_3} \right)^2. \quad (19\text{ b})$$

Das Druckverhältnis π (Gl. 9) vereinfacht sich, wenn die Geschwindigkeiten v_2 und v_3 vernachlässigt werden.

$$\pi = \frac{\gamma_1 H_1 - p_2}{p_3 - p_2}. \quad (20)$$

Werden die Gln. (18) bis (20) in Gl. (17) eingesetzt, folgt für $\mu = 0$ das Druckverhältnis π_0.

$$\pi_0 = \frac{1}{\varphi_T^2} \cdot \frac{1}{2\delta^2 - \left(2 - \eta_D + \lambda \frac{l_M''}{d_M}\right)\delta^4 - \eta_D \left(\frac{d_{Ta}}{d_3}\right)^4}. \tag{21}$$

Damit ist der Betriebspunkt (π_0, $\mu = 0$) des Strahlapparates als Funktion

a) seiner Hauptabmessungen (d_{Ta}, d_M, d_3, l_M),
b) der Gestalt und Oberflächenbeschaffenheit der Treibdüse (φ_T),
c) der Wandbeschaffenheit des Mischraumes (λ),
d) der Ausbildung des Diffusors (η_D)

gegeben.

Gemäß a) bewirkt die Änderung des Durchmesserverhältnisses δ die größten Änderungen im Druckverhältnis π_0, das sich entsprechend der Variationsmöglichkeit von δ ($0 \leqq \delta \leqq 1$) zwischen „unendlich" und einem Mindestwert $\pi_{0\,\min}$ bewegt, der sich für $\delta = 1$ aus Gl. (21) berechnet.

$$\pi_{0\,\min} = \frac{1}{\varphi_T^2} \cdot \frac{1}{\eta_D \left[1 - \left(\frac{d_M}{d_3}\right)^4\right]}. \tag{22}$$

Dabei wird vorausgesetzt, daß die Mischraumlänge $l_M = 0$ ist, der Diffusor also unmittelbar an die Treibdüse anschließt. $\pi_{0\,\min}$ ist demnach in der Hauptsache eine Funktion des Diffusorwirkungsgrades η_D und der Diffusorabmessungen $\frac{d_M}{d_3}$. Der Einfluß des Reibungsbeiwertes φ_T ist unbedeutend, weil er für $\delta = 1$ schon sehr nahe bei 1 liegt.

Bezüglich des Einflusses der Länge l_M ist zu bemerken, daß ein richtig ausgebildeter Strahlapparat so lang sein muß, daß die Stelle des Druckmaximums im Mischraum gerade mit dessen Ende zusammenfällt. Da aber, wie im Abschn. 5 gezeigt wird, mit abnehmendem Förderstrom auch das Druckmaximum eine Verschiebung gegen die Treibdüse erfährt, ist die Mischkammer bei abnehmendem Förderstrom um l_M'' zu lang. Das heißt, die richtige Länge wäre gerade jene Länge l_M', bei welcher der Borda-Carnot-Verlust allein erfaßt ist. Nun darf aber angenommen werden, daß der Wandreibungsverlust längs l_M'' bei einem Strahlapparat mit optimaler Mischraumlänge auch bei Betriebsbedingungen, die vom Bestpunkt abweichen, nicht besonders ins Gewicht fällt. Er kann deshalb vernachlässigt werden.

Gl. (21) kann noch weiter vereinfacht werden, wenn das Verhältnis der Austrittsgeschwindigkeiten aus dem Diffusor und der Treibdüse, das im Verhältnis d_{Ta}^2/d_3^2 zum Ausdruck kommt, entsprechend klein ist. Es kann dann nämlich auch das letzte Glied im Nenner dieser Gleichung vernachlässigt werden.

$$\pi_0 \approx \frac{1}{\varphi_T^2} \cdot \frac{1}{2\delta^2 - (2 - \eta_D)\delta^4}. \tag{23}$$

In geringen Grenzen verändert auch gemäß b) der Reibungsbeiwert φ_T der Treibdüse das Druckverhältnis π_0 nach den Gln. (21) und (23).

Um die gute Übereinstimmung zwischen Rechnung und Versuch nachzuweisen, seien die Ergebnisse späterer Untersuchungen vorweggenommen und zum Vergleich herangezogen. In der Tabelle 1 sind für die bei den Luftversuchen untersuchten Durchmesserverhältnisse die Rechenwerte $\pi_{0\,\mathrm{ber}}$ mit den Meßwerten $\pi_{0\,\mathrm{gem}}$ verglichen. Der Einfachheit halber wird mit einem Mittelwert von $\varphi_T = 0{,}98$ für alle Durchmesserverhältnisse außer für $\delta = 1$ gerechnet. Für $\delta = 1$ ist dieser Wert zu ungünstig, und er wird auf Grund des Reibungsverlustes im zylindrischen Rohr ($d_{Ta} = d_1$) *mit* $\varphi_T = 0{,}99$ angenommen. Der versuchsmäßig bestimmte Diffusorwirkungsgrad η_D beträgt 0,87. Die Abweichungen Δ der Rechenwerte von den Meßwerten halten sich in geringen Grenzen. Die maximale Abweichung beträgt $-3{,}9$ % bei $\delta = 0{,}417$.

Tabelle 1. *Vergleich der Rechenwerte* $\pi_{0\,ber}$ *mit den Meßwerten* $\pi_{0\,gem}$

δ	1,0	0,708	0,519	0,417	0,333	0,250
$\pi_{0\,gem}$	—	1,47	2,33	3,47	4,94	8,60
$\pi_{0\,ber}$	1,2	1,46	2,29	3,33	5,00	8,64
Δ %	—	−0,7	−1,7	−3,9	+1,2	+0,5

2.4 Wirkungsgrad

Analog der üblichen Definition des Wirkungsgrades einer Pumpe ist der Ejektorwirkungsgrad als Verhältnis der Nutzleistung zur aufgewendeten Leistung zu definieren.

Als Nutzleistung des Ejektors ist die in der Hebung des sekundlichen Sauggewichtes G_2 um die Energiehöhendifferenz $(H_3 - H_2)$ zum Ausdruck kommende Leistung $G_2\,(H_3 - H_2)$ anzusprechen. Um diese zu erzielen, muß der Treibstrom die Leistung $G_1\,(H_1 - H_3)$ aufbringen. Für den Wirkungsgrad folgt somit

$$\eta = \frac{G_2\,(H_3 - H_2)}{G_1\,(H_1 - H_3)} \tag{24}$$

oder nach Ersatz der Energiehöhen durch Druckhöhen bei Vernachlässigung der Geschwindigkeitshöhen

$$\eta \approx \frac{G_2 \cdot \gamma_1 \left(\frac{\gamma_2}{\gamma_3}\,p_3 - p_2\right)}{G_1 \cdot \gamma_2 \left(p_1 - \frac{\gamma_1}{\gamma_3}\,p_3\right)}. \tag{25}$$

Für gleiche Wichten des Treib- und Förderstromes, wie sie bei den Wasserversuchen vorliegen und bei den Luftversuchen näherungsweise angenommen werden können, geht Gl. (24) über in

$$\eta = \frac{Q_2\,(H_3 - H_2)}{Q_1\,(H_1 - H_3)}. \tag{26}$$

Werden in Gl. (24) Zähler und Nenner durch $(H_3 - H_2)$ dividiert, der Nenner umgeformt, das Gewichtsverhältnis μ nach Gl. (5) und das Druckverhältnis π nach Gl. (9) eingeführt, erhält man die vereinfachte Form

$$\eta = \frac{\mu}{\pi - 1}. \tag{27}$$

Aus dieser Gleichung geht hervor, daß in einem Schaubild, in dem das Gewichtsverhältnis μ über dem Druckverhältnis π aufgetragen wird (Abb. 7 a), die Linien konstanter Wirkungsgrade ein Geradenbüschel

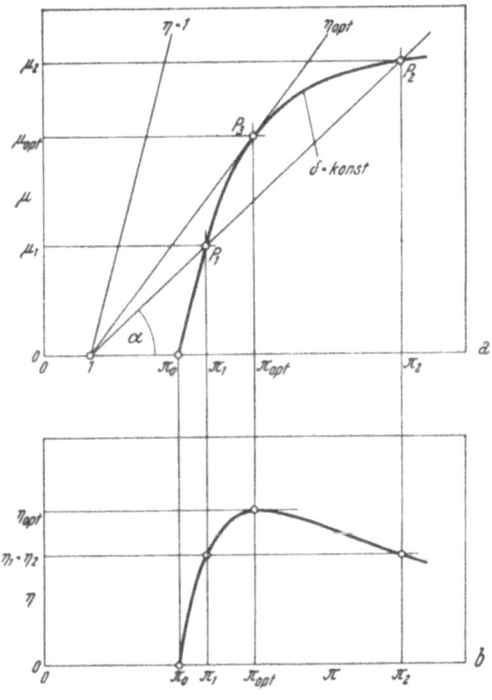

Abb. 7 a und 7 b. Kennlinie und Wirkungsgrad eines Strahlapparates

durch den Punkt ($\pi = 1$, $\mu = 0$) darstellen. Das heißt, der Wirkungsgrad eines beliebigen Betriebspunktes in diesem Schaubild ist gleich dem Tangens des Neigungswinkels α, der durch diesen Punkt und den Punkt ($\pi = 1$, $\mu = 0$) gehenden Geraden.

Infolge der Gestalt der Kennlinie liefert jede Wirkungsgradlinie mit ihr zwei Schnittpunkte (P_1, P_2). Für die Druckverhältnisse π_1 und π_2 hat der Strahlapparat also den gleichen Wirkungsgrad. Legt man durch den Punkt ($\pi = 1$, $\mu = 0$) die Tangente an die Kennlinie, erhält man η_{opt} und im Berührungspunkt (P_3) die optimalen Betriebsbedingungen μ_{opt} und π_{opt}. Der Wirkungsgradverlauf des Strahlapparates (Abb. 7 b) läßt sich daher leicht konstruieren.

Neben dieser Definition des Wirkungsgrades wird manchmal auch noch eine andere verwendet, die den Wirkungsgrad als Verhältnis jener auf den Saugspiegel bezogenen Energien darstellt, die am Eintritt des Ejektors und an dessen Austritt vorhanden sind. Er sei mit η' bezeichnet.

$$\eta' = \frac{G_3 (H_3 - H_2)}{G_1 (H_1 - H_2)}. \tag{28}$$

Der Wirkungsgrad η' geht aus η hervor, indem man Zähler und Nenner um die fiktive, tatsächlich nicht umgesetzte Energie $G_1 (H_3 - H_2)$ erweitert.

$$\eta' = \frac{G_2 (H_3 - H_2) + G_1 (H_3 - H_2)}{G_1 (H_1 - H_3) + G_1 (H_3 - H_2)}. \tag{29}$$

$G_1 (H_3 - H_2)$ ist zwar am Eintritt des Strahlapparates vorhanden, wird aber wieder verbraucht, um G_1 nach dessen Austritt aus dem Ejektor um die Höhe $(H_3 - H_2)$ zu heben. Es wird also in den Wirkungsgrad ein Energiebetrag einbezogen, der energiebilanzmäßig herausfällt. Dadurch wird das Verhältnis der tatsächlich umgesetzten Energien verfälscht. Die zur Förderung notwendige Energie ist nämlich nur $G_1 (H_1 - H_3)$. G_1 muß aber um $(H_3 - H_2)$ gesenkt und anschließend wieder gehoben werden, um dem Energieträger (dem Treibstrom G_1) den Transport des Saugstromes G_2 zu ermöglichen.

Die Erweiterung des Zählers und des Nenners der Formel für den Wirkungsgrad η um den gleichen Betrag bedingt auch, daß der Wirkungsgrad η' stets höhere Werte als η ergeben muß.

Wird in Gl. (28) das Gewichtsverhältnis μ und das Druckverhältnis π eingeführt, läßt sich diese vereinfacht schreiben:

$$\eta' = \frac{\mu + 1}{\pi}. \tag{30}$$

Aus dieser Gleichung folgt sofort, daß bei Nullförderung ($G_2 = 0$, $\mu = 0$) der Wirkungsgrad η' nicht Null wird, welcher Wert diesem Zustand entsprechen müßte, sondern den Wert

$$\eta' = \frac{1}{\pi_0} \tag{31}$$

annimmt. Für den Fall der Nullförderung bei $\pi_{0\,\min}$ (Gl. 22) erreicht η' den Grenzwert

$$\eta'_{\max} = \frac{1}{\pi_{0\,\min}}. \tag{32}$$

Für den nach Gl. (22) errechneten Grenzwert $\pi_{0\,\min} = 1{,}2$ ergibt sich $\eta'_{\max} = 0{,}835$, ein Ergebnis, das in krassem Widerspruch zu den tatsächlichen Verhältnissen steht. Der Verlauf der optimalen Wirkungsgrade η' über π (Abb. 8) hat demnach stets fallende Tendenz, denn er beginnt bei $\pi_{0\,min}$ mit dem Wert η'_{max} (Gl. 32) und erreicht für $\pi = \infty$ den Wert Null. Die Abb. 8, in welcher der Verlauf von η'_{opt} und η_{opt} verglichen wird, ist auf Grund der späteren Versuche ermittelt.

Der Wirkungsgrad η' gibt also weder ein richtiges Bild der tatsächlichen Verhältnisse, noch ermöglicht er die Bestimmung des Optimalfalles. Seine Verwendung ist daher nicht zweckmäßig.

Der Wirkungsgrad η nach Gl. (27) hingegen hat bei Nullförderung den Wert Null, die Wirkungsgradkurve für δ = konstant steigt bis zu

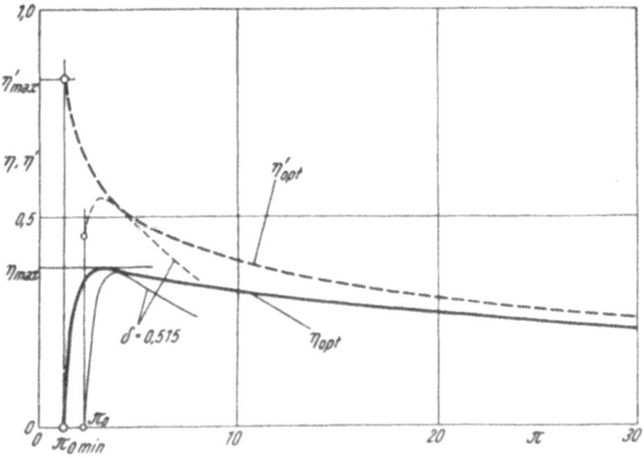

Abb. 8. Wirkungsgrade η und η'

einem Maximalwert und sinkt dann mit schlechter werdenden Betriebsbedingungen wieder ab. Ebenso verhält sich die Einhüllende (η_{opt}) aller Wirkungsgradkurven eines Strahlapparates mit δ als Parameter.

2.5 Kavitation

Beim Betrieb von Strahlapparaten kommt es vor, daß diese im Kavitationsgebiet arbeiten, weshalb die Bedingungen für den Kavitationseintritt und das Betriebsverhalten im Kavitationsgebiet untersucht werden.

Zur Beurteilung des Kavitationsverhaltens ist es notwendig, Druck- und Geschwindigkeitsverläufe zu kennen, wie sie in Abschn. 5.1 ermittelt werden. Für den Eintritt der Kavitation ist bekanntlich die Stelle des niedrigsten Druckes bzw. der höchsten Geschwindigkeit maßgebend. Jene tritt im Treibstrahl auf, und zwar unmittelbar nach dessen Austritt aus der Treibdüse. Während die Geschwindigkeit von hier aus wieder absinkt, zeigt der Druck nicht den vermuteten Verlauf. Sein Minimum liegt nämlich nicht am Ort der höchsten Geschwindigkeit, sondern ist weiter stromabwärts verschoben.

Durch die Energieabgabe des Treibstrahles an den Saugstrahl sinkt nämlich der Druck im Treibstrahl gegenüber seiner Umgebung vorerst weiter ab und steigt erst später im Verlauf des Mischvorganges wieder an. Erreicht dieses Druckminimum, das sich kurz nach der Treibdüse, etwa im Eintrittsquerschnitt der Mischkammer, befindet, den Dampfdruck, so beginnt die Flüssigkeit zu verdampfen. Es entstehen Dampfblasen, die wieder zusammenstürzen, sobald sie in ein Gebiet höherer Drücke kommen. Die Kavitationsgrenze ist damit erreicht.

Es liegt in der Natur des Strahlapparates, daß das Druckminimum nicht in der Nähe von Wänden, sondern, wie eben geschildert, mitten im flüssigkeitserfüllten Raum auftritt. Daraus kann geschlossen werden, daß Materialangriffe erst nach wesentlicher Überschreitung des Kavitationsbeginnes in Erscheinung treten.

Im folgenden wird ähnlich der von THOMA für Wasser-Turbinen eingeführten Kavitationskennzahl eine Kennzahl für Ejektoren abgeleitet, deren kritischer Wert die Kavitationsgrenze charakterisiert. Die Ableitung erfolgt mit Hilfe des Impulssatzes. Es ist jedoch gemäß Abschn. 2.1 von vornherein klar, daß die Vorausberechnung der Kavitationsgrenze infolge des verwickelten Strömungsvorganges nur näherungsweise möglich ist und daher die Bestimmung des Verlaufes der kritischen Kennzahl dem Versuch vorbehalten bleiben muß.

Wie schon festgestellt, befindet sich das für den Kavitationseintritt kritische Druckminimum im Inneren des Treibstrahles in einer gewissen Entfernung vom Treibdüsenaustritt. Würde man nun die Kontrollfläche in den Treibdüsenaustrittsquerschnitt legen (Abb. 6 b), so könnte dieser charakteristische Druckwert nicht erfaßt werden. Die Kontrollfläche muß

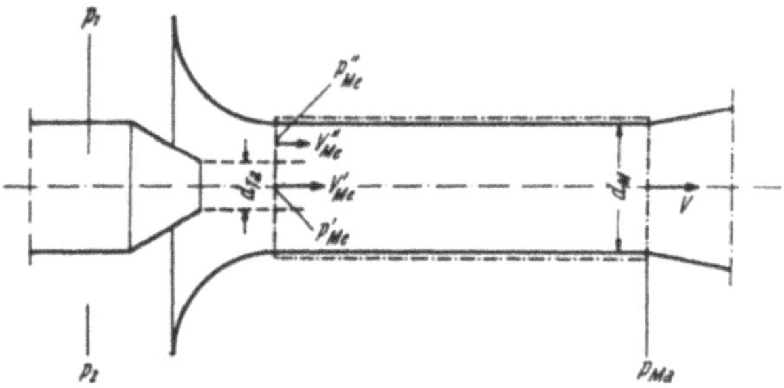

Abb. 9. Strahlapparat mit Kontrollfläche für die Ableitung der Kavitationskennzahl aus der Impulsgleichung

also durch das Druckminimum gelegt werden, dessen Ort und auch die in diesem Querschnitt herrschende Geschwindigkeitsverteilung nur versuchsmäßig bestimmt werden könnte. Zur Vereinfachung der Rechnung sei jedoch der Ort des Druckminimums und die Kontrollfläche in den Mischkammereintritt verlegt (Abb. 9). Diese Näherung setzt voraus, daß der Abstand t kurz und daher noch kein wesentlicher Abbau des Treibstrahles erfolgt sei. Es kann also noch mit einigermaßen definierten Querschnitten für Treib- und Saugstrahl gerechnet werden.

Bedeuten nun v_{Me}' und v_{Me}'' die mittleren Geschwindigkeiten im Treib- und Saugstrahl in der Eintrittskontrollfläche und p_{Me}' und p_{Me}'' die zugehörigen mittleren Drücke, so lautet die Impulsgleichung, wenn Treib- und Saugstrom gleiches spezifisches Gewicht haben:

$$\frac{\pi}{4}\left[d_M^2 . p_{Ma} - d_{Ta}^2 . p_{Me}' - (d_M^2 - d_{Ta}^2)\, p_{Me}''\right] =$$
$$= \frac{G_1}{g} v_{Me}' + \frac{G_2}{g} v_{Me}'' - \frac{G_1 + G_2}{g} v_{Ma} \tag{33 a}$$

oder

$$\frac{\pi}{4}\left[d_M^2 (p_{Ma} - p_{Me}'') - d_{Ta}^2 (p_{Me}' - p_{Me}'')\right] =$$
$$= \frac{G_1}{g} v_{Me}' + \frac{G_2}{g} v_{Me}'' - \frac{G_1 + G_2}{g} v_{Ma}. \tag{33 b}$$

Für den darin enthaltenen mittleren Druck p_{Me}'' im Saugstrahl zu Beginn der Mischkammer kann mit guter Annäherung

$$p_{Me}'' = p_2 - \gamma \frac{v_{Me}''^2}{2g} \tag{34}$$

gesetzt werden. Das wird auch durch die Druckverteilungsmessungen der Luftversuche bestätigt. Werden in Gl. (33) weiters alle Drücke und Durchflüsse durch den Treibdruck p_1, den Saugdruck p_2 sowie durch das Druckverhältnis π und das Gewichtsverhältnis μ ausgedrückt, so ergibt sich nach entsprechender Umformung für das Druckminimum:

$$p_{Me}' = p_2 - (p_1 - p_2)\left[C_1 \frac{1}{\pi} + C_2 + C_3 \mu + C_4 \mu^2\right]. \tag{35}$$

Darin ist das Gewichtsverhältnis μ eine Funktion des Druckverhältnisses π, die auf Grund der gemessenen Kennlinien bekannt ist. Die Konstanten C_1 bis C_4 sind vom Durchmesserverhältnis und vom versuchsmäßig bestimmten Diffusorwirkungsgrad abhängig.

$$C_1 = -\frac{1}{\delta^2}, \tag{36 a}$$

$$C_2 = (\eta_D - 2)\, \delta^2 + 2, \tag{36 b}$$

$$C_3 = 2\, (\eta_D - 2)\, \delta^2, \tag{36 c}$$

$$C_4 = (\eta_D - 2)\, \delta^2 - \frac{\delta^2}{1 - \delta^2}. \tag{36 d}$$

Wie bereits erwähnt, beginnt Kavitation dann, wenn der absolute statische Druck im Treibstrahl zu Beginn der Mischkammer gleich dem Dampfdruck wird. Bei geringen Wassertemperaturen ist dieser näherungsweise Null. Für den Fall des Kavitationseintrittes muß also, wenn der Barometerstand mit B bezeichnet wird, in obiger Gleichung

$$p_{Me}' = -\gamma . B \tag{37}$$

werden.

Wird Gl. (37) in Gl. (35) eingesetzt, so folgt für den Ausdruck in der eckigen Klammer

$$\left[C_1 \frac{1}{\pi} + C_2 + C_3 \mu + C_4 \mu^2\right] = \frac{p_2 + \gamma B}{p_1 - p_2} = \sigma. \tag{38}$$

Für einen bestimmten Betriebspunkt auf der Kennlinie ist dieser Klammerausdruck ein Festwert, der außerdem für ein bestimmtes Wertepaar p_1, p_2 erhalten wird. Werden aber die Drücke p_1 und p_2 variiert, ändert sich zwar der rechtsstehende Bruch, der mit σ (Kavitationszahl) bezeichnet werde, nicht aber der Klammerausdruck. Das heißt, für den Grenzfall des Kavitationseintrittes ist obige Gleichung erfüllt und σ erreicht den kritischen Kavitationsbeiwert σ_k.

$$\sigma_k = \left[C_1 \frac{1}{\pi} + C_2 + C_3 \mu + C_4 \mu^2\right]. \tag{39}$$

Der Kavitationsbeiwert σ ist bei gegebenem Barometerstand lediglich eine Funktion der Drücke p_1 und p_2. Nimmt er Werte an, die größer als σ_k sind, arbeitet der Ejektor kavitationsfrei, sind diese kleiner als σ_k, arbeitet er im Gebiet der Kavitation.

Sind die Geschwindigkeitshöhen in der Treibleitung und im Saugraum gegen die Druckhöhen vernachlässigbar, kann die Kavitationszahl (Gl. [38]) auch in der Form

$$\sigma = \frac{H_2 + B}{H_1 - H_2} \tag{40}$$

verwendet werden.

Der Wert σ_k ist gemäß Gl. (39) für einen bestimmten Strahlapparat lediglich vom Druckverhältnis π und dem Kennlinienverlauf abhängig. Die Versuche zeigen, daß, wie auch erwartet, der in Abhängigkeit vom Druckverhältnis errechnete Verlauf der Kennzahl σ_k mit dem gemessenen Verlauf nur angenähert übereinstimmt, da sich die Vorgänge im Ejektor rechnerisch eben nicht restlos erfassen lassen. Durch die Versuche wird aber die Zweckmäßigkeit der Kennzahl sowie die ausschließliche Abhängigkeit des kritischen Wertes σ_k vom Druckverhältnis π nachgewiesen.

Die Feststellung, ob und wie sich der Wirkungsgrad im Kavitationsbereich ändert, bleibt dem Wasserversuch vorbehalten. Die folgende grundsätzliche Überlegung kann jedoch schon jetzt gemacht werden: Wird nach Eintritt der Kavitation bei konstantem Treib- und Saugdruck (σ = konstant) der Gegendruck verkleinert, so wird dadurch das Druckverhältnis π größer. Mit zunehmendem Druckverhältnis vergrößert sich aber auch der Wert σ_k, der Grad der Kavitation wird also stärker. Erreicht schließlich auch der Druck p_{Ma} am Mischkammeraustritt den Dampfdruck, von dem angenommen wird, daß er nicht unterschritten werden kann, so muß auch bei weiterem Senken des Gegendruckes das Gewichtsverhältnis μ konstant bleiben. Die Kennlinie wird also an dieser Stelle einen Knick aufweisen und in eine horizontale Gerade übergehen. In dem Augenblick, in welchem nämlich auch der Mischkammer-

Endquerschnitt vollkommen dampferfüllt ist, kann der Strahlapparat nur mehr einen Grenzförderstrom bewältigen. Dieser kann auch durch weiteres Senken des Gegendruckes nicht mehr überschritten werden, da ja für den Betriebszustand des Ejektors eigentlich der Druck p_{Ma} und nicht der Gegendruck p_3 maßgebend ist. Aus dieser Überlegung kann geschlossen werden, daß der Wirkungsgrad, dessen Verlauf vom Kavitationseintritt bis zum eben beschriebenen Betriebszustand nur durch den Versuch bestimmt werden kann, zumindest von diesem Punkt an sehr stark abfallen wird.

Für p_{Ma} gilt unter Vernachlässigung der Austrittsgeschwindigkeit

$$p_{Ma} = p_3 - \eta_D \frac{\gamma}{2g} \frac{Q_3^2}{F_M^2}. \tag{41}$$

Nach entsprechender Umformung folgt:

$$p_{Ma} = p_2 - (p_1 - p_2) \left[C_5 (1 + \mu^2) - \frac{1}{\pi} \right]. \tag{42}$$

mit

$$C_5 = \delta^4 . \eta_D. \tag{43}$$

Analog dem Vorhergehenden bedeutet der Ausdruck in der eckigen Klammer einen zweiten kritischen Wert σ_k' der Kavitationskennzahl, bei dessen Unterschreitung ein starker Wirkungsgradabfall zu erwarten ist. Unter der Annahme, daß der Kennlinienverlauf bis $\sigma = \sigma_k'$ gleichgeblieben ist, läßt sich der Wert σ_k' in Abhängigkeit von Durchmesser- und Druckverhältnis berechnen. Die Versuche bestätigen die Richtigkeit dieser Überlegung, allerdings weicht der gemessene Verlauf vom errechneten wieder ab.

Die kritische Kavitationskennzahl kann sowohl durch Messung der Druckverteilung im Luftversuch als auch durch den Wasserversuch bestimmt werden. Bei letzterem erfolgt die Bestimmung von σ_k auf einfache Weise z. B. durch Variation des Kavitationsbeiwertes bei gleichbleibendem Druckverhältnis, wobei der Kavitationseintritt akustisch, optisch oder durch Schwingungsmessungen festgestellt werden kann. Für den Kavitationseintritt ist dann $\sigma = \sigma_k$. Untersuchungen bei ausgebildeter Kavitation, also die Bestimmung des Wirkungsgradverlaufes und die exakte Ermittlung des Wertes σ_k', können selbstverständlich nur mit Wasser erfolgen.

3. Versuchseinrichtungen der Luftversuche

3.1 Versuchsanlage

Die Versuchsstrecke (Abb. 10) ist an die Druckseite eines zweistufigen Ventilators *V* angeschlossen, dessen trompetenartiger Ausblasestutzen die Verbindung mit einem Ausgleichsbehälter von 400 mm Durchmesser herstellt. An diesen schließt die mit einer Normblende *B* versehene Meßleitung von 250 mm lichtem Durchmesser an, die zur Messung der Treibluftmenge dient. Die zur einwandfreien Durchflußmessung erforderliche Länge der Leitung erzwingt deren Hochlegen um 1400 mm über Flur, da verschiedene ortsfeste maschinelle Einrichtungen des Laboratoriums überbrückt werden müssen. Der an den Ausgleichsbehälter anschließende Krümmer ist zwecks Regelung des Durchflusses — soweit dazu nicht die Drehzahlregelung herangezogen wird — mit einem Nebenauslaß *NA* versehen. An die Meßleitung schließt die auf 100 mm Durchmesser reduzierte Treibleitung *T L* an. (Wegen der übersichtlicheren Darstellung ist

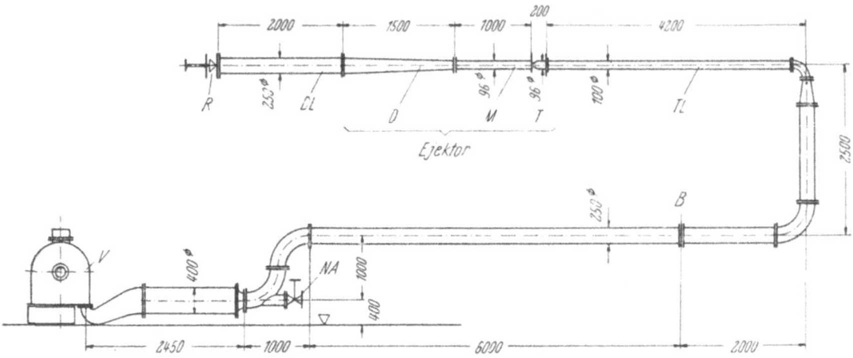

Abb. 10. Luftversuchsstand

in der Abbildung die in Wirklichkeit horizontal geführte Rohrleitung vom dritten Krümmer an um 90⁰ gedreht gezeichnet.) An die Treibleitung ist die Treibdüse *T* des Strahlapparates angeschlossen, dessen Mischkammer *M* durch den Diffusor *D* mit der Druckleitung *D L* von 250 mm lichter Weite verbunden ist. Der Gegendruck sowie der Gesamtdurchfluß werden durch die am Austritt befindliche Ringdrossel *R* nach Belieben eingestellt.

Die zur Auswertung der Versuche erforderlichen Drücke, Differenzdrücke und Temperaturen werden an der Meßblende *B*, der Treibdüse *T*, in der Mischkammer *M*, nach dem Diffusor am Anfang der Druckleitung *D L* und an der Ringdrossel *R* gemessen.

3.2 Strahlapparat

Der leitende Grundgedanke beim Entwurf der Versuchsapparatur ist die Forderung nach vollkommener Achsensymmetrie. Jede Störung durch Unsymmetrien sowohl in der Treibdüse als auch im Zulauf der Fangdüse soll ebenso vermieden werden wie eine unsymmetrische Rückwirkung eines Drosselorgans am Ende der Druckleitung, weshalb dort die später beschriebene Ringdrossel verwendet wird.

Diesen Forderungen entsprechend wird die Länge der Treibleitung zwischen Treibdüse und Krümmer mit vierzigfachem Rohrdurchmesser bemessen, um die Beeinflussung der Strömung durch den Krümmer auszuschalten. An die Treibleitung wird mittels Flansches *T F* der Treibdüsenhalter *T H* angeschlossen, in welchen die verschiedenen Treibdüsen *T* eingeschraubt werden.

Zur Überprüfung der Achsensymmetrie des Treibstrahles ist das Rohrstück des Treibdüsenhalters mit zwei zueinander senkrecht stehenden Meßstutzen *St* versehen, die zur Aufnahme des später beschriebenen Staugerätes oder eines Thermometers dienen. Die Messung des Treibdruckes erfolgt durch vier gleichmäßig über den Rohrumfang verteilte Bohrungen von 2 mm Durchmesser.

Der allseits symmetrische Zulauf der angesaugten Luft in die Fangdüse *F* und die anschließende Mischkammer *M* wird durch Verzicht auf

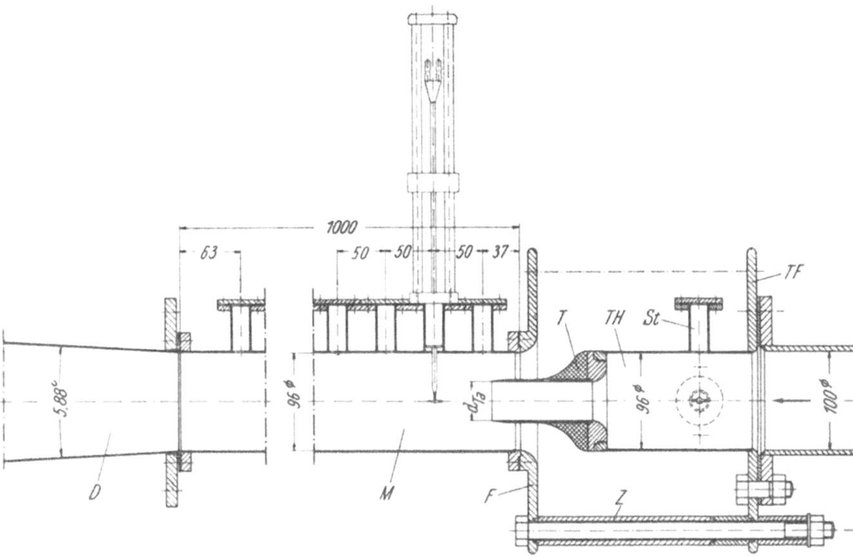

Abb. 11. Strahlapparat (Luftversuch)

eine Saugkammer erreicht. Die Verbindung zwischen Flansch *TF* und Fangdüse *F* erfolgt durch Ankerschrauben. Die gegenseitige Zentrierung und der gewünschte Abstand wird durch Zwischenstücke *Z* erreicht.

Die aus einem gezogenen Messingrohr von 96 mm lichtem Durchmesser bestehende zylindrische Mischkammer von 1000 mm Länge besitzt in Abständen von 50 mm insgesamt 19 Meßstutzen für die Aufnahme des Staugerätes oder eines Thermometers. Zur Durchführung des Staugerätes durch die Mischkammerwand dienen 2 mm breite Schlitze mit zentraler kreisrunder Erweiterung für den Schaft.

Der Diffusor aus Stahlblech, dessen Schweißnaht sorgfältig geglättet ist, bildet den Übergang von der Mischkammer zum Druckrohr (250 ∅). Sein Erweiterungswinkel beträgt 5,88°.

Der Versuchsejektor ist so konstruiert, daß er rasch umgebaut und ohne besonderen Aufwand den jeweiligen Versuchsbedingungen angepaßt werden kann. Es können Treib- und Fangdüsen leicht ausgewechselt und ihr gegenseitiger Abstand sowie die Mischkammerlänge variiert werden.

Weiters stehen außer der in der Abbildung gezeichneten Mischkammer von 1000 mm Länge Mischkammerrohre verschiedener Längen zur Verfügung.

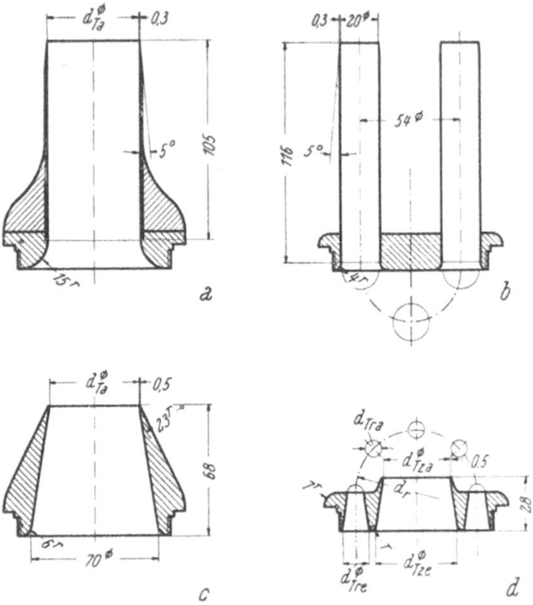

Abb. 12. Treibdüsen

Abgesehen von einigen Sonderformen werden vier verschiedene Treibdüsenformen nach Abb. 12 *a–d* untersucht. Ihre Hauptabmessungen gehen aus Tab. 2 hervor.

Tabelle 2. *Hauptabmessungen der untersuchten Treibdüsen nach Abb. 12*

Form	a			c					
d_{Ta}	32	40	49	24	32	40	44,9	49,8	68
d_{Ta}/d_M	0,333	0,417	0,511	0,250	0,333	0,417	0,468	0,519	0,708
F_{Ta}/F_M	0,112	0,174	0,261	0,063	0,112	0,174	0,218	0,269	0,502

Form	d_{Tze}	d_{Tza}	d_{Tre}	d_{Tra}	d_r	r	n	$\frac{F_{Tza}}{n \cdot F_{Tra}}$	$\frac{F_{Tza} + n \cdot F_{Tra}}{F_M}$
b	0	0	20	20	54	4	4	0,00	0,174
d	45	37	11	9	66	2	8	2,11	0,219
	20	20	20	20	54	3	4	0,25	0,217

a) Zylinderdüsen. Die Treibdüse der Form *a* erhält ohne Rücksicht auf die in ihr auftretenden Verluste verhältnismäßig lange kreiszylindrische Gestalt, um einerseits tiefes Eintauchen in die Mischkammer und anderseits gute Parallelführung des Treib- und Saugstrahles zu erreichen. Um den Saugstrahl an den Treibstrahl einwandfrei heranzuführen, läuft die Treibdüse an ihrem äußeren Umfang unter einem Kegelwinkel von 10^0 konisch zu, so daß die radiale Breite der Austrittskante nur ungefähr 0,3 mm beträgt. Die erzwungene Anfangsparallelität soll auch die genaue Ausmessung der Geschwindigkeits- und Druckprofile in der Mischkammer erleichtern.

b) Mehrfachdüse ohne Mittelstrahl. Die Düse der Form *b* ist eine Vierfachdüse ohne Mittelstrahl, deren Zylinderdüsen von 20 mm ∅ auf dem Teilkreis von 54 mm ∅ angeordnet sind. Sie entspricht bezüglich des Austrittsquerschnittes der Zylinderdüse von 40 mm ∅ und wird unter denselben Bedingungen untersucht.

c) Konusdüsen. Die Konusdüsen (Form *c*) sind kürzer als die Zylinderdüsen. Am Düsenmund geht der Konus durch eine sanfte Rundung auf den Austrittsdurchmesser über, so daß der Strahl kontraktionslos austreten kann.

d) Mehrfachdüsen mit Mittelstrahl. Die Treibdüsen der Form *d* sind Mehrfachdüsen, die um die Zentraldüse (Durchmesser d_{Tza}) *n* Randdüsen (Durchmesser d_{Tra}) gruppiert haben. Bei der Neunfachdüse überragt die Mündung der Zentraldüse jene der Randdüsen um 8 mm, während sie bei der Fünffachdüse um 15 mm zurücktritt.

e) Sonderformen. Die Zylinderdüse von 40 mm ∅ wird mit einem Leitblech von 0,7 mm Dicke versehen, das durch einen Austrittswinkel von 85^0 dem Treibstrahl einen geringen Drall verleiht.

Schließlich wird noch der Einfluß der Vergrößerung der Strahloberfläche durch Wellen der Austrittskante an einer Konusdüse, deren Austrittsquerschnitt der Konusdüse von 44,9 mm ∅ entspricht, untersucht. Die Wellung (Wellenradius 1,5 mm) bedingt eine Vergrößerung der Strahloberfläche am Düsenmund um 55 %.

Die verwendeten Fangdüsen sind in der Abb. 13 dargestellt. Die scheibenförmige Fangdüse *I* weist am Eintritt eine scharfe Krümmung mit 20 mm Radius auf. Sie eignet sich besonders für die Zylinderdüse bei großen Eintauchtiefen und für kurze Mehrfachdüsen.

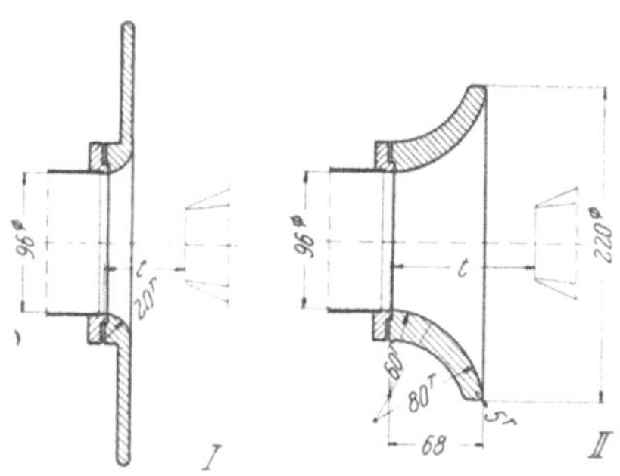

Abb. 13. Fangdüsen

Die Fangdüse *II* ermöglicht dem Saugstrahl einen wesentlich sanfteren Zutritt zur Mischkammer. Dadurch werden die Zuströmverhältnisse bei den Einfachdüsen und langen Mehrfachdüsen verbessert.

Der Treibdüsenabstand *t,* das ist der jeweilige Abstand des Treib*düsen-Austrittsquerschnittes* vom Mischkammer-Eintrittsquerschnitt, kann durch Auswechseln der Distanzhülsen verändert werden. Der Treibdüsenabstand ist positiv, wenn die Treibdüse bereits im Bereich der Fangdüse liegt, und negativ beim Eintauchen in die Mischkammer.

3.3 Meßgeräte und Meßverfahren

3.31 Durchflußmessungen

Es werden der Treibstrom in der Treibleitung und der Gesamtdurchfluß der Druckleitung gemessen. Der Treibstrom wird mittels Normblenden, die den VDI-Durchflußmeßregeln[6] entsprechen, der Gesamtdurchfluß hingegen mit Hilfe der mit Normblenden geeichten Ringdrossel

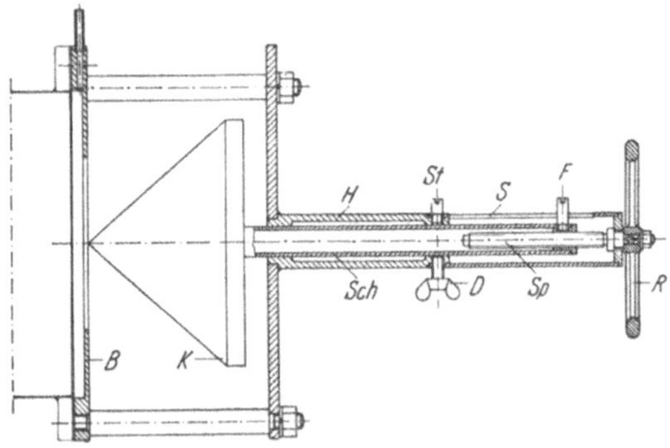

Abb. 14. Ringdrossel

(Abb. 14) bestimmt. Die Ringdrossel dient auch gleichzeitig zur Einstellung des gewünschten Gegendruckes. Sie besteht im wesentlichen aus einer scharfkantigen Blende *B*, deren Ausflußöffnung durch Verschieben des

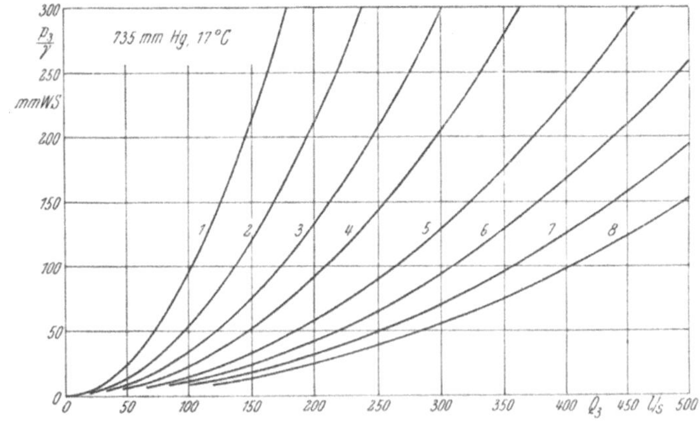

Abb. 15. Gegendruck in Abhängigkeit vom Durchfluß bei verschiedenen Ringdrosselstellungen

Kegels *K* innerhalb weiter Grenzen verändert werden kann. Der Schaft *Sch* der Drossel ist in der Halterung *H* zügig geführt und kann mittels der innen liegenden Spindel *Sp* durch Betätigen des Handrades *R* axial verschoben werden. Der Führungsstift *F*, der sich mit dem Schaft verschiebt und im Schlitz *S* der Halterung gleitet, verhindert einerseits das Verdrehen des Kegels und gestattet anderseits durch Anlegen einer Lehre, die sich noch gegen den Stift *St* abstützt, den gewünschten Meßbereich rasch zu fixieren. Die Druckschraube *D* verhindert Verschiebungen des Kegels, die unter Umständen durch Erschütterungen hervorgerufen werden könnten. Die Abnahme des Wirkdruckes erfolgt durch vier gleichmäßig am Blendenumfang verteilte Bohrungen von 4 mm Durchmesser.

Um bei verschiedenen Durchflüssen ungefähr gleiche Gegendrücke einstellen zu können, wird die Ringdrossel in acht verschiedenen Stellungen, die mit der Lehre rasch eingestellt werden können, geeicht (Eichkurven 1—8 in Abb. 15).

Von der Möglichkeit der Regelung des Gegendruckes mit Hilfe eines gewöhnlichen Drosselschiebers wird Abstand genommen, um jede Rückwirkung durch Unsymmetrie auf die Strömung im Strahlapparat auszuschalten.

3.32 Staugerät

3.321 Beschreibung

Das in Abb. 16 dargestellte Staugerät dient zur Ausmessung des Mischfeldes in der zylindrischen Mischkammer.

Die Hauptforderung, die an das Staurohr gestellt werden muß, ist die Kleinheit der Ausführung, um in Strömungsbereichen mit starken Geschwindigkeitsgradienten — in Wandnähe und in der Mischzone — noch zuverlässige Werte zu erhalten. Außerdem muß das Gerät zur Verhinderung von Vibrationen bei hohen Strömungsgeschwindigkeiten entsprechend steif sein.

Der 5 mm starke Schaft von kreisrundem Querschnitt verjüngt sich beim Übergang auf das eigentliche Staurohr auf den Stiel von 1 × 2 mm. Die geringe Breite von nur 1 mm quer zur Strömungsrichtung verhindert einen zu starken Stau, der sonst die Druckanzeige verfälschen könnte.

Das aus Messing verfertigte Staurohr ist mit seinem Schaft *Sch* in

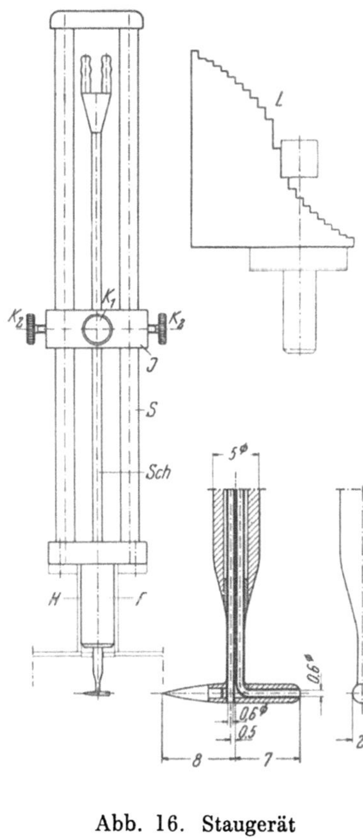

Abb. 16. Staugerät

dem mit einem Flansch versehenen Führungskörper F und im Joch J gelagert. Mit jenem wird es durch die Klemmschraube K_1 an beliebiger Stelle fest verbunden. Entsprechend der gewünschten Meßstellung wird das Joch längs der Säulen S verschoben und mit Hilfe der Klemmschrauben K_2 daran festgeklemmt.

Zur raschen und sicheren Einstellung der immer wiederkehrenden Meßstellungen wird eine Lehre L verwendet, die zwischen Joch und Flansch geklemmt wird. Die Abstufungen der Lehre sind den verschieden ausgebildeten Treibdüsen angepaßt.

Die richtige Lage zwischen der Achse des Strahlapparates und der des Staurohres wird in einfacher Weise dadurch hergestellt, daß nach Aufschrauben des Gerätes auf die Halterung H die Klemmschraube K_1 gelöst und das Staurohr zum Aufsitzen auf die der Halterung gegenüberliegende Rohrinnenwand gebracht wird. Hierauf wird die relative Lage zwischen Staurohr und Joch mit Hilfe der Schablone festgelegt.

3.322 Eichung

Zur Eichung des Gerätes wird der aus der Treibdüse in den Raum frei austretende Luftstrom herangezogen. Die Gleichmäßigkeit der Strömung hinsichtlich Parallelität, Konstanz des statischen Druckes und der Geschwindigkeit ist die notwendige Voraussetzung für die Wahl der für die Eichung in Betracht kommenden Strahlzone. Es muß daher zunächst der Staudruck h_{dyn} und der statische Druck h_{stat} genau in der Strahlachse in verschiedenen Abständen x vom Düsenmund gemessen werden (Abb. 17).

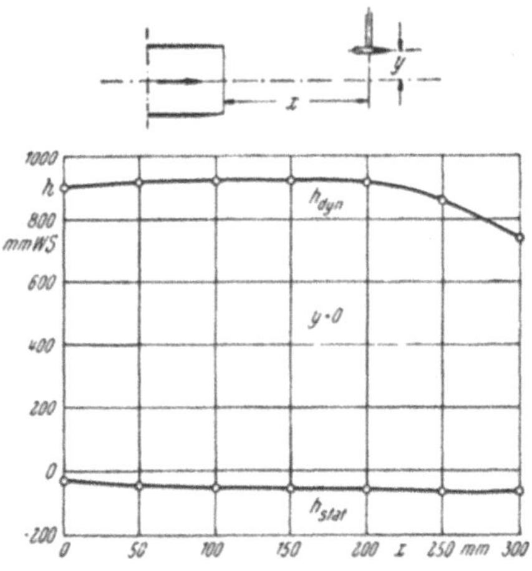

Abb. 17. Staudruck und statischer Druck längs der Treibdüsenachse

Das Staurohr wird in folgender Weise auf die Achse eingestellt: Über die Treibdüse wird eine Hülse mit genau zentrisch geführtem Bolzen geschoben, der mit einer konzentrischen, dem Staurohrdurchmesser gleichen Bohrung versehen ist, mit deren Hilfe das Staurohr auf die Nullage gestellt wird. Zu diesem Zweck ist das Staugerät auf einem mit einer Halterung versehenen Schlitten befestigt. Die Halterung ist für die nachfolgende Eichung so gebaut, daß das Staugerät zur Untersuchung des Einflusses der Schräganströmung horizontal und vertikal geschwenkt und die Schräglage an Winkelskalen abgelesen werden kann.

Aus Abb. 17 wird nun jener Bereich des Strahles im Abstand x vom Treibdüsenmund ausgewählt, in dem sowohl der statische als auch der dynamische Druck praktisch als konstant angesehen werden kann. Diese Bedingung ist zwischen $x = 100$ und 150 erfüllt. Deshalb wird bei $x = 125$

der Druck- und Geschwindigkeitsverlauf auch senkrecht zur Strömungsrichtung in verschiedenen Abständen y von der Achse gemessen (Abb. 18).

Aus dem Verlauf des gemessenen statischen Druckes $h_{stat\,gem}$ geht schon dessen Abhängigkeit von der Schräganströmung hervor, auf die bei Behandlung der Eichkurve noch näher eingegangen wird. Jedenfalls ist aus dieser Abbildung zu ersehen, daß in dem weiten Eichbereich von $y = -5$ bis $y = +5$ — entsprechend Schrägstellungen des Staurohres von $\pm 45^0$ — die zu untersuchende Strömung im Eichbereich als praktisch parallel aufgefaßt werden kann, da die Abweichungen vom Staudruck in der Achse höchstens $^1/_4\,{}^0/_0$ betragen.

Bezüglich der Konstanz des statischen Druckes können aber alle Bedenken wegfallen, weil das Staugerät in der Eichvorrichtung so angeordnet ist, daß die Drehachse sowohl bei Drehung um die Horizontale als auch um die Vertikale praktisch durch die Meßbohrung für den statischen Druck geht.

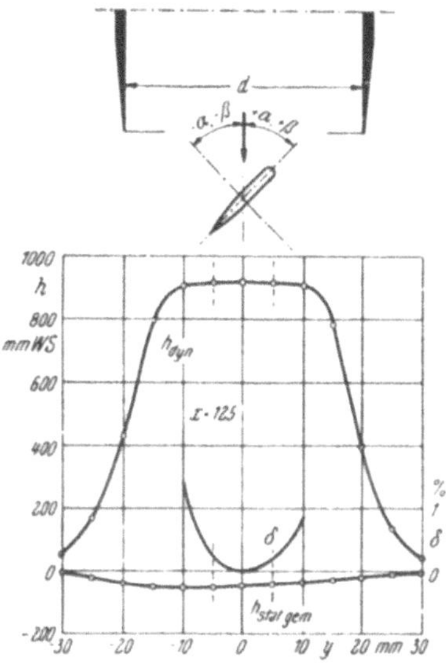

Abb. 18. Staudruck und statischer Druck in einer Ebene senkrecht zur Treibdüsenachse im Abstand 125 mm vom Treibdüsenaustritt

Die exakte Bestimmung des Korrekturbeiwertes ξ des Staugerätes, der eine Funktion der Form des Gerätes ist, muß unterbleiben, da weder ein geeigneter Rundlauf noch ein entsprechendes Vergleichsgerät vorhanden ist. Die strömungstechnisch günstige Konstruktion des Kopfes und Stieles des Staurohres sowie dessen exakte werkstättenmäßige Ausführung lassen es jedoch unwahrscheinlich erscheinen, daß ξ vom Wert „1“ wesentlich abweicht. Eine geringe Abweichung würde übrigens das Untersuchungsergebnis nicht beeinflussen, weil es sich hauptsächlich um eine qualitative Untersuchung der Strömung handelt, wie bei der Diskussion der Versuchsergebnisse noch gezeigt werden wird.

Die Ergebnisse der Eichung selbst, die den Einfluß der Schräganströmung auf die Anzeige angeben, sind in den Abb. 19 und 20 zusammengefaßt. Die Auftragung der Meßpunkte erfolgt dabei dimensionslos, um den Einfluß der REYNOLDSschen Zahl zu zeigen. Die jeweiligen Meßwerte sind auf den Staudruck in der Nullage $h_{dyn\,gem\,0}$ bezogen:

$$\varphi_{dyn\,gem} = \frac{h_{dyn\,gem}}{h_{dyn\,gem\,0}}, \qquad \varphi_{stat\,gem} = \frac{h_{stat\,gem}}{h_{dyn\,gem\,0}}. \tag{44}$$

Zum Unterschied von den gemessenen Werten sind die wirklichen Werte mit φ_{dyn} und φ_{stat} bezeichnet.

Schräganströmung (α) hinsichtlich Verdrehung um den Schaft macht sich nach Abb. 19 schon bei kleinen Verdrehwinkeln derart bemerkbar, daß der statische Druck $\varphi_{stat\,gem}$ zu klein angezeigt wird. Der wirkliche statische Druck φ_{stat}, der praktisch immer an der gleichen Stelle gemessen wird, muß natürlich immer der gleiche sein. Entsprechend der Minderanzeige des statischen Druckes ist auch der gemessene Staudruck $\varphi_{dyn\,gem}$ gegenüber seinem Sollwert φ_{dyn} um die Differenz $(\varphi_{stat} - \varphi_{stat\,gem})$ zu

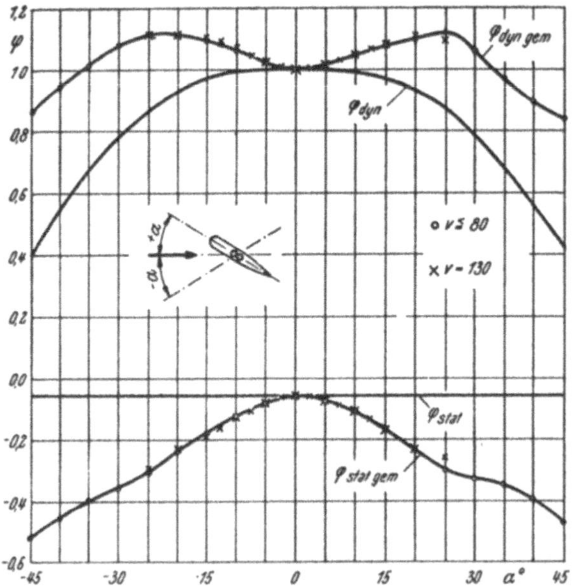

Abb. 19. Eichkurven des Staurohres bei Verdrehung um dessen Schaft (Schräganströmung α)

groß. Irgendwelche Abhängigkeiten von der Reynoldsschen Zahl können im Versuchsbereich nicht festgestellt werden. Die zulässige Schräganströmung beim Schwenken des Staurohres um seinen Schaft darf nach Abb. 19 nicht mehr als $\pm 2{,}5^0$ betragen. Diese Art der Schräganströmung kommt allerdings nicht vor, da es sich um eine drallfreie Strömung handelt und daher aus Symmetriegründen die Geschwindigkeits- und Druckverteilungen jeweils in einer Meridionalebene, die auch Symmetrieebene des Staurohres ist, gemessen werden müssen.

Das Staurohr wird bei den Messungen in Richtung seines Schaftes verschoben, wodurch — je nach Lage des Staurohres in bezug auf die Rohrachse — Schräganströmungen auftreten, die durch die Strahlausbreitung in der Mischzone bedingt sind. Die Eichung nach Abb. 20, die Schräganströmungen unter Winkeln β berücksichtigt, entspricht diesem Fall.

Die relative Schräglage des Gerätes gegenüber der Strömung bewirkt bei positivem β die Mitmessung einer positiven Geschwindigkeitskomponente, weshalb der gemessene statische Druck $\varphi_{stat\,gem}$ größer ist als der wirkliche Druck φ_{stat}. Bei negativem Anströmwinkel β liegt die Meßbohrung im Windschatten, so daß, ähnlich wie im Fall der Schwenkung um den Winkel α, der statische Druck zu klein gemessen wird. Der flache Verlauf des Staudruckes und des statischen Druckes innerhalb der weiten Grenzen von $\beta = -10^0$ bis $\beta = +7{,}5^0$ erlaubt es, die Schräganströmung

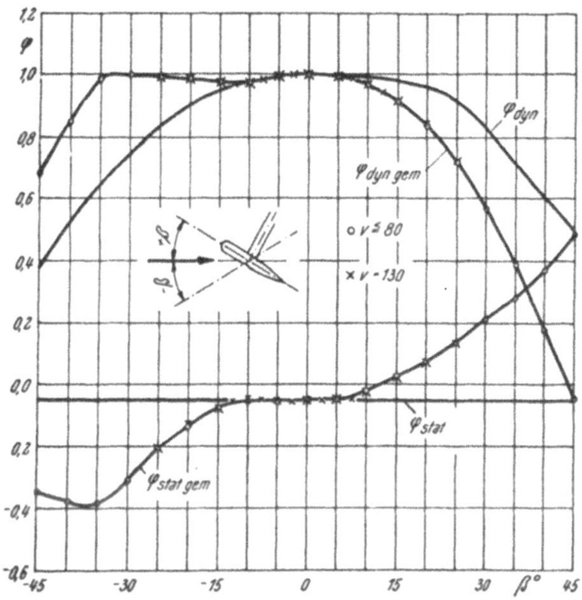

Abb. 20. Eichkurven des Staurohres beim Schwenken um den Winkel β

in diesem Bereich zu vernachlässigen, ohne Fehlmessungen befürchten zu müssen. Bei den Messungen fallweise auftretende stärker geneigte Schräganströmungen können allerdings nicht berücksichtigt werden, weil die Unübersichtlichkeit des Mischvorganges die Feststellung der Strömungsrichtung nicht gestattet.

3.33 Druckmessungen

Zur Druckmessung werden wegen der rascheren Ablesbarkeit einschenkelige Flüssigkeitsmanometer verwendet. Die Ablesung an der Skala erfolgt durch einen Schieber, welcher mit einer Visiereinrichtung versehen ist, die parallaxenfreie Einstellung auf die Kuppe des Meniskus gestattet.

Zur Verminderung der Schwankungen sind den Manometern Kapillardrosseln vorgeschaltet.

An allen Stellen des Strahlapparates, an welchen die Anzeige eines mittleren Druckes über dem Rohrumfang erwünscht ist, wird aus Gründen der einfacheren Herstellung auf eine Ringkammer verzichtet und an deren Stelle eine Ausgleichskammer mit vier Anschlüssen für die Meßbohrungen und einem Manometeranschluß vorgesehen.

4. Versuchseinrichtung der Wasserversuche

4.1 Versuchsanlage

Die Wasserversuche werden im Kraftwerk *Enzingerboden* der Österreichischen Bundesbahnen durchgeführt, wo zwischen Verteilleitung und Unterwasserkanal genügend Raum für die Aufstellung eines Versuchsstandes vorhanden ist. Dieser ist an die Anlage Grünsee angeschlossen,

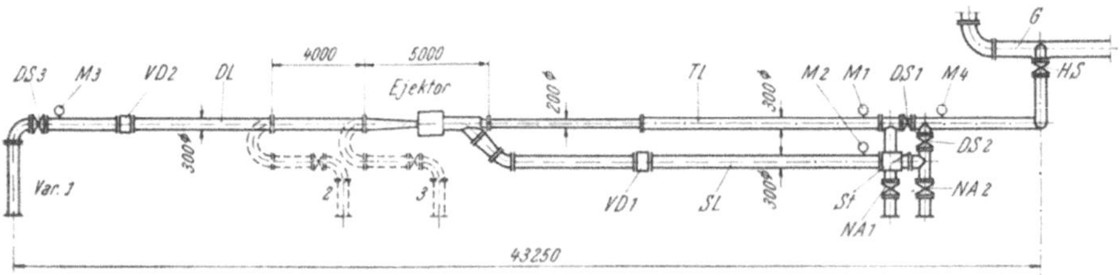

Abb. 21. Wasserversuchsstand, Anordnung A

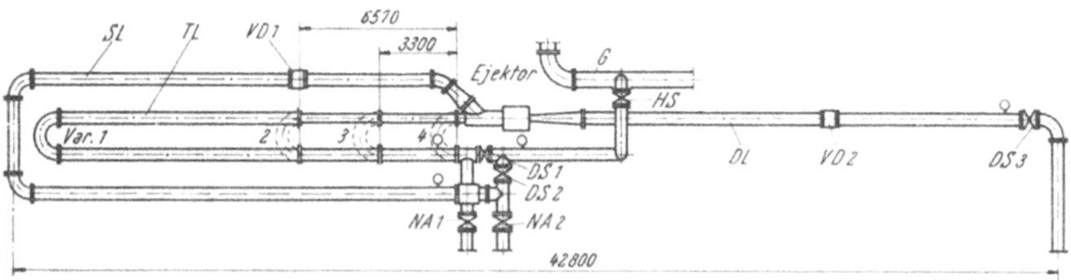

Abb. 22. Wasserversuchsstand, Anordnung B

Abb. 23. Wasserversuchsstand, Anordnung A

die eine Rohfallhöhe von rund 240 m aufweist. Es ist für die Versuche sehr vorteilhaft, daß nach Abschaltung des an die Grünseeleitung angeschlossenen Hilfsmaschinensatzes der Speicher Grünsee ausschließlich zur

Speisung der Versuchsanlage zur Verfügung steht, denn dadurch sind Störungen während der Versuche ausgeschlossen.

Entsprechend den vorzunehmenden Untersuchungen sind zwei verschiedene Anordnungen der Versuchsanlage erforderlich, die in den Abb. 21 und 22 schematisch dargestellt sind. Die Lichtbilder Abb. 23 bis 26 zeigen verschiedene Ansichten der Anlage.

Die Anordnung A dient den Untersuchungen des Ejektors bei günstigsten Einbauverhältnissen sowie der Feststellung des Einflusses eines

Abb. 24. Wasserversuchsstand, Anordnung A

Krümmers in der Druckleitung. Die Anordnung B erlaubt, den Einfluß eines Krümmers in der Treibleitung zu untersuchen.

Die Versuchsanlage ist an einem zu diesem Zweck in die Grünseeleitung *G* (NW 400) eingeschweißten Rohrstutzen angeschlossen. Der Hauptabsperrschieber *HS* zur Abschaltung der gesamten Anlage, liegt mit Rücksicht auf die Erfordernisse der Anordnung B entsprechend höher als die übrigen Teile der Anlage. Nach einer Umlenkung und einem geraden Rohrstück von 5 m Länge zweigt die Saugleitung *SL* von der Treibleitung *TL* ab. Der Drosselschieber *DS 1* und der Nebenauslaß *NA 1* ermöglichen, jeden beliebigen Druck in der Treibleitung einzustellen. Der Schieber *DS 2* und der Nebenauslaß *NA 2*, der, wie der Nebenauslaß *NA 1*, in den Unterwasserkanal mündet, haben die gleiche Funktion für die Saugleitung. In jener ist zum Ausgleich von Herstellungsungenauigkeiten, Montagespannungen und Wärmedehnungen eine Stopfbüchse *St* angeordnet.

Ein Teil der Saugleitung ist zur Ermittlung deren Durchflusses als Meßstrecke mit der Normventuridüse *VD 1* entsprechend den VDI-Durchflußmeßregeln ausgebildet. Die Treibleitung hat bei Anordnung A eine Länge von 18 m (60 d), die bewirkt, daß die durch den Drosselschieber und die Abzweigung verursachte Störung bis zur Treibdüse vollkommen

Abb. 25. Wasserversuchsstand, Anordnung B

abgeklungen ist. Bei Anordnung B werden Saugleitung und Treibleitung um 180° umgelenkt. Der Krümmer in der Treibleitung wird im Verlauf der Untersuchungen entsprechend den Varianten 1—4 versetzt.

An den Ejektor schließt die Druckleitung *DL* an. Diese ist außer bei der Variante 2 und 3 der Anordnung A zur Bestimmung des Gesamtdurchflusses als ebenfalls den VDI-Regeln entsprechende Meßstrecke mit der Normventuridüse *VD 2* ausgebildet. Zur Untersuchung des Einflusses eines 180°-Krümmers in der Druckleitung wird dieser bei der Variante 2 in 4 m Entfernung vom Diffusor des Ejektors und bei der Variante 3 unmittelbar danach eingebaut.

Mit dem Drosselschieber *DS 3* wird der gewünschte Gegendruck eingestellt. Über ein kurzes Rohrstück wird dann das Wasser in den Unterwasserkanal abgeführt.

Bei der Konstruktion der Versuchsanlage muß auf bereits vorhandenes Material und auf die Möglichkeit einer späteren anderweitigen Verwendung der Anlageteile Rücksicht genommen werden. Deshalb werden die Saug- und Druckleitung und ein Teil der Treibleitung aus Stahlrohren NW 300 hergestellt. Der Rest der Treibleitung dagegen aus Rohren NW 200. Ein großer Teil der Formstücke, alle Übergangsstücke, die Venturidüsen sowie der Ejektor werden jedoch für die Versuche neu angefer-

Abb. 26. Wasserversuchsstand, Anordnung B

tigt. Der Ejektorkessel (Abb. 27) und die Druckleitung sind für den Nenndruck ND 10, die übrigen Teile der Anlage für ND 25 ausgelegt.

Die gesamte Anlage ist auf Stapeln von Eisenbahnschwellen gelagert und entsprechend verankert.

4.2 Strahlapparat

Der Strahlapparat, dessen Konstruktion aus Abb. 27 hervorgeht, entspricht in seinen Hauptabmessungen und hinsichtlich seiner Treib- und Fangdüsenform der durch die Luftversuche festgestellten optimalen Ausbildung. Er besteht im wesentlichen aus dem Treibrohr *TR*, dem Einlaufrohr *R* und dem Kessel *K* mit anschließender Mischkammer *M*.

Der Ejektor wird mit dem Flansch *TF* an die Treibleitung angeschlossen, die ihre Fortsetzung im Treibrohr *TR* findet. Dieses trägt den Treibdüsenhalter *TH*, in welchem die auswechselbaren Treibdüsen *T* eingeschraubt sind. Die Zwischenstücke *Z* erlauben es, die Gesamtlänge des Treibrohres und somit den Treibdüsenabstand *t* zu variieren.

Die Saugleitung wird durch den Stutzen *St* an das Einlaufrohr *R* angeschlossen. Um die Störung, die durch die seitliche Einströmung und durch den Zulaufkrümmer entsteht, abklingen zu lassen, ist im Einlaufrohr ein aus konzentrischen Rohren bestehender Gleichrichter *G* angeordnet. Dem Einlaufrohr ist der Kessel *K* von 1000 mm Durchmesser

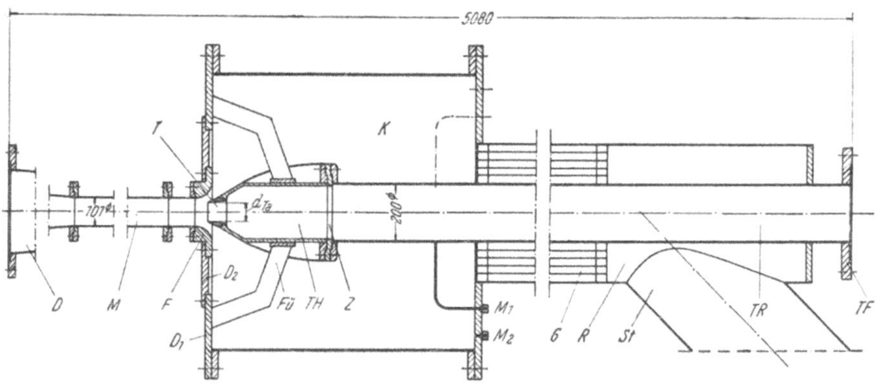

Abb. 27. Strahlapparat (Wasserversuch)

nachgeschaltet, durch dessen Größe die schon gut vergleichmäßigte Strömung weiter beruhigt und achsensymmetrische Zuströmung zur Fangdüse *F* erreicht wird.

Um Treib- und Fangdüse koaxial einstellen zu können, ist die Führung *Fü* mit dem Deckel *D 1* sowie der Deckel *D 2* mit der Fangdüse zentriert. Zum Austauschen der Treibdüse oder der Zwischenstücke *Z* muß der Deckel *D 2* nach Ausbau der Mischkammer *M* entfernt werden. Hiezu wird die Fangdüse nach Lockern ihrer Befestigung am Deckel ein Stück nach innen geschoben.

Die Gesamtlänge der Mischkammer kann durch verschieden lange Rohrstücke variiert werden. Den Übergang auf die Druckleitung NW 300 bildet der anschließende Diffusor *D* (Öffnungswinkel 8^0).

Zur Messung des Treibdruckes dienen die Anschlüsse *M 1*, zur Messung des Saugdruckes im Kessel die Anschlüsse *M 2*. Der Gegendruck wird am Beginn der Druckleitung, unmittelbar nach dem Diffusor, gemessen. Es sind jeweils vier Anschlüsse angeordnet.

4.3 Meßgeräte

Die Wirkdrücke an den beiden Venturidüsen werden mit je einem Differenzdruckmeßgerät „Manoskop" der Firma Debro gemessen, das als einschenkelig ablesbares Flüssigkeitsmanometer mit Ausgleichsgefäß ausgebildet ist. Der Schenkel besteht aus einem Glasrohr, das Ausgleichsgefäß aus Stahl hat den hundertfachen Querschnitt des Glasschenkels. Eine Visiereinrichtung ermöglicht die parallaxenfreie Einstellung auf den Meniskus. Der Differenzdruck wird in mm Flüssigkeitssäule mit Hilfe eines Nonius an einer Skala abgelesen, deren Teilung das Querschnittsverhältnis Glasrohr-Ausgleichsgefäß berücksichtigt.

Für die Messung des Treib-, Saug- und Gegendruckes werden Feinmeßmanometer der Firma Dreyer, Rosenkranz & Droop mit 250 mm Gehäusedurchmesser verwendet.

Zur Dämpfung der Druckschwankungen sind den Meßgeräten Kapillardrosseln vorgeschaltet. Sämtliche Meßleitungen sind aus Gummi und werden von den einzelnen Meßstellen (Venturidüsen, Ejektor und Druckleitung) zu den in einem Meßhaus untergebrachten Geräten geführt.

An der Anlage selbst sind die Betriebsmanometer *M 1* bis *M 4* unmittelbar an den Rohren montiert. Die Manometer *M 1*, *M 2* und *M 3* gestatten demjenigen, der die Drosselschieber bedient, gleichzeitig die Drücke zu beobachten und erleichtern dadurch das Einstellen des gewünschten Betriebszustandes. Mit dem Manometer *M 4* wird der Druck in der Grünseeleitung kontrolliert.

5. Versuchsergebnisse

5.1 Ausmessung des Mischfeldes

Der Verlauf der Geschwindigkeiten und Drücke in den einzelnen Querschnitten der Mischkammer gibt ein anschauliches Bild des Strömungsvorganges und zeigt vor allem, welche Änderungen am Strahlapparat vorgenommen werden müssen, um bestimmten Forderungen hinsichtlich seiner Wirkung gerecht zu werden.

5.11 Beeinflussung der Meßergebnisse

Bevor die Versuchsergebnisse im einzelnen besprochen werden, ist es notwendig, alle jene Einflüsse des Meßgerätes auf die Strömung bzw. der Apparatur auf das Meßgerät festzustellen, die Fehlmessungen zur Folge haben.

5.111 Einfluß der Schaftstärke des Staugerätes auf die Strömung

Die hohen Strömungsgeschwindigkeiten im Mischraum, besonders in der Nähe des Austrittes des Treibstrahles aus der Treibdüse, verlangen zur Vermeidung von Vibrationen einen verhältnismäßig dicken Schaft des Staugerätes. Dadurch entstehen entsprechend der Eintauchtiefe des Staurohres Querschnittsveränderungen, die das Geschwindigkeits- und Druckbild verfälschen. Beträgt doch die Querschnittsverminderung bei Einstellung des Staugerätes auf die Achse des Strahlapparates 2,8 % und bei vollständig eingesenktem Staugerät sogar 6 %.

Es ist aber nicht möglich, durch eine von der Lage des Staugerätes abhängige Einstellung des Durchflusses eine Korrektur des Meßergebnisses zu erleichtern, weil die damit verbundenen dauernden Änderungen des Gewichtsverhältnisses μ eine Berichtigung ausschließen.

5.112 Einfluß der Wandnähe des Staugerätes

Gelangt das Staugerät in die Nähe der Rohrwand, die der Halterung gegenüberliegt, so wird der der Eichung des Gerätes entsprechende Strömungszustand verändert, weil die Meßbohrung für den statischen Druck der Wand zugekehrt ist. Diese Meßpunkte sind daher nicht so zuverlässig wie jene auf der Seite der Einbringung, wo außerdem nach gänzlichem Ausfahren des Meßgerätes der Wanddruck selbst bestimmt werden kann.

5.113 Einfluß der Radialströmungen

Wenn auch durch die Eichung des Staugerätes die Unempfindlichkeit gegen Schräganströmungen in einem gewissen Bereich erwiesen wurde, sind doch Fehlanzeigen möglich, weil beim turbulenten Mischvorgang pulsierende Radialströmungen auftreten, über deren Größe keine bestimmte Aussage gemacht werden kann. Wie aus den folgenden Abb. 28 bis 36 hervorgeht, zeigen aber die Druckkurven sogar in unmittelbarer Nähe der Treibdüsenmündung (im Gegensatz zu anderen Versuchen von VIKTORIN[5]) einen äußerst stetigen Verlauf, der die Annahme nur geringer Fehlmessungen auch im Bereiche bedeutender Geschwindigkeitsgradienten rechtfertigt.

Obwohl eine den Ausführungen unter 5,111 bis 5,113 entsprechende Berichtigung der Versuchsergebnisse nicht möglich ist, wird dadurch der Wert der Ergebnisse nicht beeinträchtigt, da diese ohnedies nur für qualitative Betrachtungen der Strömung herangezogen werden. Es ist nur notwendig, die jeweiligen Einflüsse zu erkennen und richtig zu deuten.

5.12 Strahlapparat mit Zylinderdüse

In der Abb. 28 sind die Druck- und Geschwindigkeitsverteilungen in verschiedenen Querschnitten des Mischraumes dargestellt, wobei x den Abstand des Meßquerschnittes vom Treibdüsenmund bezeichnet. Als Treibdüse wird eine Zylinderdüse von 40 mm Austrittsdurchmesser bei einem Treibdüsenabstand $t = -29$ mm zusammen mit Fangdüse I verwendet. Die Mischraumlänge beträgt bei diesen und allen folgenden Versuchen 1000 mm (10,4 D). Sämtliche Versuche werden bei konstantem Treibdruck, annähernd konstantem Gewichtsverhältnis μ und annähernd konstantem Druckverhältnis π durchgeführt. Die angenäherte Angabe dieser Verhältniswerte ist auf die Querschnittsverminderung durch den Schaft des Staugerätes zurückzuführen, der je nach seiner Lage zur Treibdüse dem Treibstrom Energie entzieht und so Änderungen im Treibstrom und im Gegendruck verursacht.

Die Profile $x = 0$, welche die Verteilungen im Treibdüsenaustrittsquerschnitt und im Ansaugequerschnitt angeben, zeigen in beiden Querschnitten nahezu konstanten Verlauf der Geschwindigkeit und des Druckes. Die Geschwindigkeiten zwischen $r = 20$ und $r = 48$ — also auf der Seite, wo das Staugerät eingebracht wird — sind etwas größer als an den korrespondierenden Stellen zwischen $r = -20$ und $r = -48$. Der Grund hiefür ist darin zu suchen, daß sich der Treibstrahl bei geringen Eintauchtiefen des Staugerätes voll entfalten und entsprechend den gegebenen Verhältnissen den größtmöglichen Förderstrom transportieren kann. Gelangt dagegen das Staugerät bei fortschreitender Eintauchtiefe in den

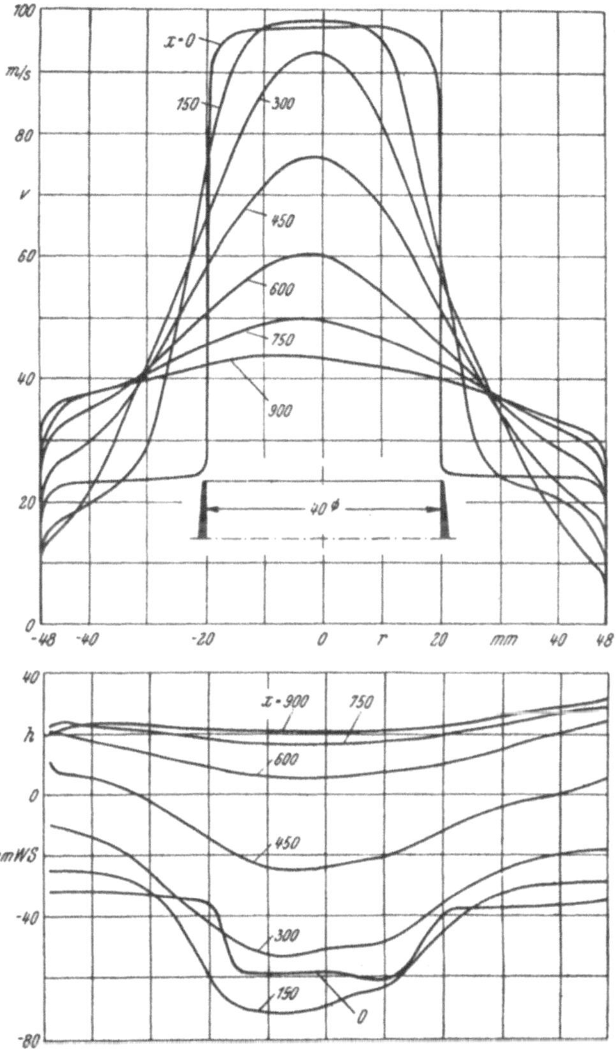

Abb. 28. Druck- und Geschwindigkeitsverteilung in verschiedenen Querschnitten der Mischkammer. Zylinderdüse, $d_{Ta} = 40$, Fangdüse I, $l_M = 1000$, $\pi \approx 5{,}5$, $\mu \approx 1{,}25$

Bereich des unter konstantem Druck stehenden Treibstrahles, nimmt er diesem verhältnismäßig viel Energie weg, wodurch die Treibmenge und damit die Ansaugegeschwindigkeiten verkleinert werden. Überdeckt nämlich der Schaft die Austrittsöffnung längs des ganzen Düsendurchmessers, beschattet er den Austrittsquerschnitt zu 16 %, was natürlich einen entsprechenden Energieverlust des Treibstrahles zur Folge haben muß. Der analoge Fall tritt auch beim Druckprofil ein, d. h. auf der positiven r-Achse sind die Absolutdrücke kleiner als auf der negativen. Je weiter sich nun der Meßquerschnitt vom Düsenmund entfernt, um so geringer werden selbstverständlich die Energieverluste des Treibstrahles als Folge der Störwirkung des Schaftes. Das Geschwindigkeitsprofil zeigt in erster Linie deshalb und auch infolge der allerdings sehr geringen Expansionswirkung bei $x = 150$ sogar eine höherer Maximalgeschwindigkeit als bei $x = 0$.

Bei den Profilen $x = 600$, 750 und 900 tritt im Gegensatz zu den düsennahen Profilen der umgekehrte Zustand ein: die größtenteils bereits erfolgte Auflösung des Treibstrahles bedingt eine ziemlich gleichmäßige Geschwindigkeitsverteilung über den ganzen Mischkammerquerschnitt, so daß sich der Widerstand des Staugerätes kaum mehr bemerkbar macht. Die Durchströmung der Mischkammer kann nunmehr als unter konstantem Durchfluß erfolgend angesehen werden. Die Geschwindigkeiten auf der negativen r-Seite sind daher größer als auf der positiven r-Seite und die entsprechenden Drücke verhalten sich umgekehrt. Jedenfalls steht fest, daß die Meßwerte auf der Seite der positiven r den wirklichen Werten wesentlich näher kommen als jenen auf der Seite der negativen r.

Bezüglich der Wirkung des Strahlapparates mit der in die Mischkammer tief eingeführten Zylinderdüse geben Geschwindigkeits- und Druckverlauf sehr wertvolle Aufschlüsse:

Während in der Eintrittszone ($x = 0$) der Geschwindigkeitsverlauf in beiden Querschnitten nahezu konstant ist, wird der Treibstrahl mit zunehmender Entfernung x abgebaut. Der Energieunterschied gegenüber dem Saugstrahl wirkt sich so stark aus, daß der Förderstrom von der Wand weggesaugt wird, so daß dessen Geschwindigkeit in Wandnähe bei $x = 300$ bis auf $1/3$ des Eintrittswertes absinkt. Das heißt, der Saugstrahl erfährt in seiner Randpartie eine bedeutende Verzögerung, was zwar die in dieser Zone ohnehin unbedeutende Wandreibung vermindert, dafür aber einen erhöhten Austauschverlust zur Folge hat.

Die Art des Ausgleichs der Geschwindigkeitsverteilung, die bei genügender Mischkammerlänge schließlich in jene der ausgebildeten Turbulenz übergehen muß, läßt allerdings keinen Schluß auf die praktische Beendigung des Mischvorganges zu, weil es sich um einen Anlaufvorgang handelt, der erfahrungsgemäß sehr große Anlaufstrecken voraussetzt. Es hätte daher keinen Sinn, den Grad der Durchmischung in der Mischkammer hinsichtlich der Geschwindigkeitsverteilung zu weit zu treiben, weil sonst die Mischkammerlänge zu groß und die darin auftretenden Reibungsverluste zu hoch würden. Vielmehr ist die Durchmischung dann als praktisch abgeschlossen zu betrachten, wenn die Drücke in der Mischkammer Maximalwerte erreichen. Es gibt daher der Verlauf der mittleren Drücke über der Entfernung x vom Düsenmund oder der versuchsmäßig einfacher festzustellende Verlauf der Wanddrücke ein anschauliches Bild der Durchmischung. Das heißt, eine Verlängerung der Mischkammer über die Stelle des Druckmaximums hinaus bedeutet einen zusätzlichen Energieverlust durch Wandreibung, der den günstigen Effekt der Durchmischung übertönt und sich in einem Druckabfall äußert. In Abb. 29 sind die Wanddrücke entlang der Mischkammer aufgetragen. Oberhalb des Schaubildes ist die auch zur Abb. 28 gehörige Versuchsanordnung maßstäblich dargestellt. Das Druckmaximum ist hier im Gegen-

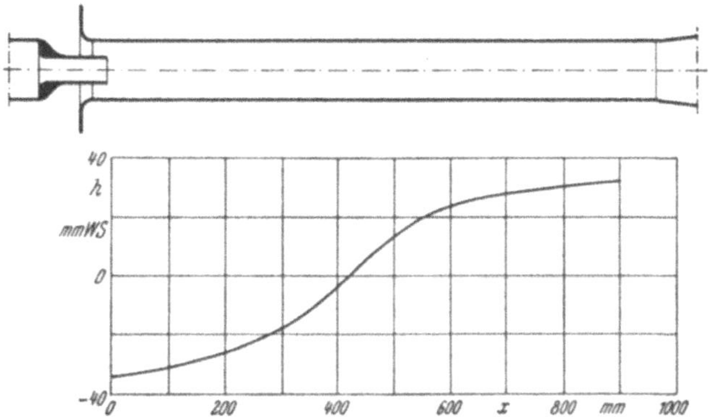

Abb. 29. Verlauf der Wanddrücke in der Mischkammer gemäß den Versuchen nach Abb. 28

satz zu den übrigen Versuchsreihen allerdings nicht zu erkennen, weil es zufällig mit dem Mischkammerende zusammenfällt.

Der Grund für die so bedeutende Mischkammerlänge liegt in der erzwungenen Anfangsparallelität des Treib- und Saugstrahles, wodurch ein langsamer Abbau des Treibstrahles zu Beginn des Mischvorganges erfolgt, wie aus dem Vergleich der Profile $x = 0$ und 150 hervorgeht. Die Mischung kann daher einerseits durch eine Vergrößerung des Treibdüsenabstandes, wodurch auch gleichzeitig der Übergang auf die strömungsmäßig günstigere Konusdüse ermöglicht wird, intensiviert werden, anderseits durch Vergrößerung der Strahloberfläche, d. h. durch Unterteilung des Strahles.

5.13 Strahlapparat mit Konusdüse

In den Abb. 30 und 31 sind die Ergebnisse der Versuche an einem Strahlapparat mit konischer Treibdüse von 44,9 mm Austrittsdurchmesser bei 70 mm Treibdüsenabstand, jedoch mit Fangdüse *II*, zusammengefaßt. Der im Vergleich zu den Versuchen mit der Zylinderdüse größere Abstand t der Konusdüse ermöglicht die Messung der Verteilungen erst vom Abstand $x = 100$ an.

Die Geschwindigkeits- und Druckprofile zeigen wieder dieselben charakteristischen Merkmale, die auf die Eigenart des Meßgerätes zurückzuführen sind. Überaus deutlich zeigt der Verlauf der Drücke zwischen $r = -40$ und -48 die erwähnte Beeinflussung der Anzeige des Staugerätes durch die Nähe der Wand.

Der Treibstrahl kann infolge der geänderten Zulaufbedingungen durch Verwendung der Fangdüse *II* den Saugstrahl schon vor der engsten Stelle der Mischkammer erfassen und ihn vorbeschleunigen. Dadurch wird die

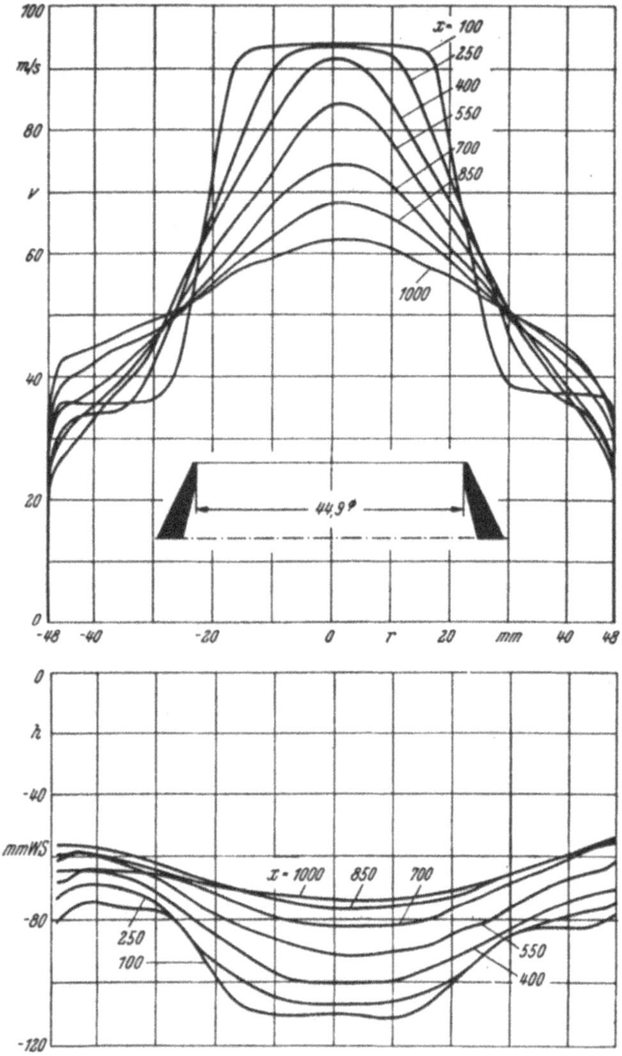

Abb. 30. Druck- und Geschwindigkeitsverteilung in verschiedenen Querschnitten der Mischkammer. Konusdüse, $d_{Ta} = 44{,}9$, $l_M = 1000$, Fangdüse *II*, $\pi \approx 6{,}2$, $\mu \approx 1{,}6$

Durchmischung gefördert, was an dem raschen Abbau des Treibstrahles zu erkennen ist. Auch ist das Wegsaugen des Förderstromes von der Wand bei einem Geschwindigkeitsabfall auf ungefähr $^2/_3$ der mittleren

Einlaufgeschwindigkeit nicht so stark zu bemerken wie bei der weit in den Mischraum vorgezogenen Zylinderdüse.

Auf Grund des Druckverlaufes an der Wand (Abb. 31) ergibt sich

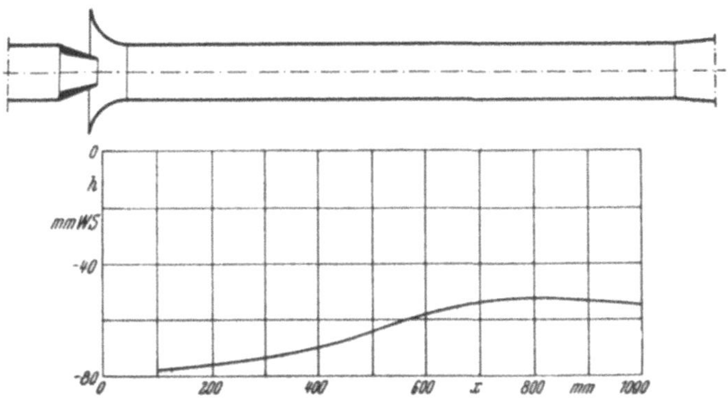

Abb. 31. Verlauf der Wanddrücke in der Mischkammer gemäß den Versuchen nach Abb. 30

aus der Lage des Druckmaximums die optimale Mischkammerlänge mit ungefähr achtfachem Mischkammerdurchmesser.

5.14 Strahlapparat mit Vierfachdüse

Die Wirkung der Teilung des Treibstrahles in vier Teilstrahlen von 20 mm Durchmesser zwecks rascherer Durchmischung zeigen die Abb. 32 und 34. Diese Versuche sind wegen des gleichen Treibdüsenquerschnittes mit jenen der Zylinderdüse nach den Abb. 28 und 29 vergleichbar, obzwar jetzt die Fangdüse *II* verwendet und der Treibdüsenabstand $t = 0$ ist.

Der unsymmetrische Abbau des Einzelstrahles, der deutlich am Profil $x = 47$ (Abb. 32) zu erkennen ist, ist auf die ungleichmäßige Beaufschlagung der Strahloberfläche zurückzuführen. Die verschiedenen Oberflächenpartien beschleunigen ungleiche Teilmengen des Saugstrahles als Folge der gegenseitigen Beeinflussung der Einzelstrahlen einerseits und der Fangdüsenwand anderseits. Die langen Zylinderdüsen ermöglichen dem Saugstrahl den mühelosen Zutritt in das Innere des Mischraumes, wie aus der überaus gleichmäßigen Verteilung der Geschwindigkeit zwischen den Düsen (Abb. 34, $x = 47$) hervorgeht.

Allerdings folgt aus der größeren Steilheit der medialen Profilabschnitte, daß der Abbau der Treibstrahlen gegen die Mischkammermitte zu langsamer erfolgt als im Randbereich, woraus zu schließen ist, daß der Saugstrom in das Zentrum selbst in zu geringem Maße nachströmen kann. Ein Umstand, der die Anordnung eines zusätzlichen zentralen Treibstrahles vorteilhaft erscheinen läßt.

Sowohl der rasche Ausgleich der Geschwindigkeitsverteilung, der praktisch schon bei $x = 647$ erreicht ist, als auch die Erreichung des Druckmaximums (Abb. 33) in diesem Abschnitt der Mischkammer beweisen, daß die Vergrößerung der Strahloberfläche durch Strahlteilung eine intensive Durchmischung bewirkt und demnach eine weitere Verkürzung der Mischkammerlänge auf den ungefähr sechsfachen Mischkammerdurchmesser ermöglicht.

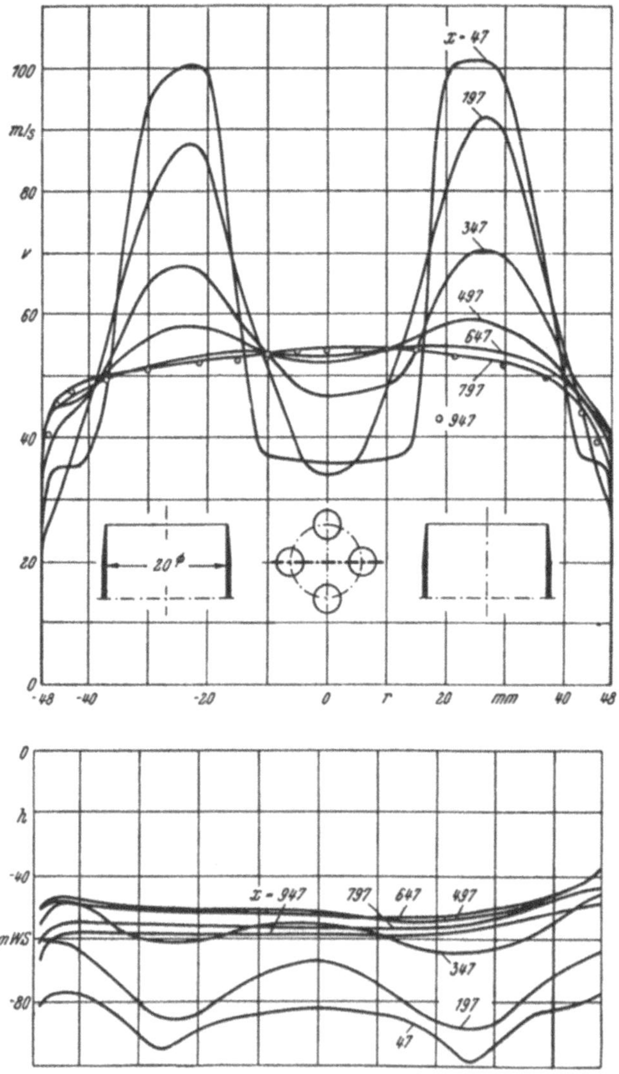

Abb. 32. Druck- und Geschwindigkeitsverteilung in verschiedenen Querschnitten der Mischkammer eines Strahlapparates mit Vierfachdüse, gemessen auf dem durch die Düsenmittel gehenden Durchmesser. Durchmesser der Einzeldüse $d_{Tra} = 20$, $l_M = 1000$, Fangdüse *II*, $\pi \approx 8{,}3$, $\mu \approx 1{,}8$

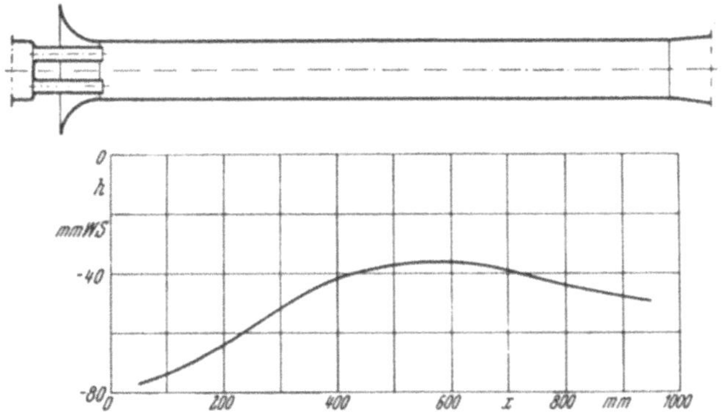

Abb. 33. Verlauf der Wanddrücke in der Mischkammer gemäß den Versuchen nach Abb. 32 und 34

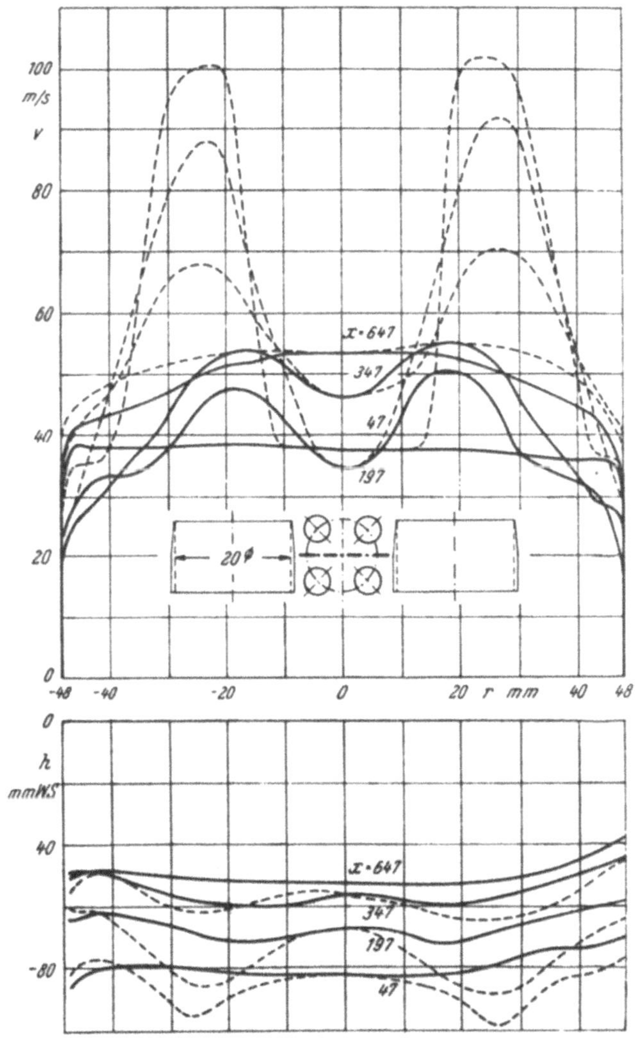

Abb. 34. Druck- und Geschwindigkeitsverteilung des Strahlapparates gemäß Abb. 32, gemessen auf dem zwischen den beiden Düsenpaaren liegenden Durchmesser. Die Vergleichsprofile der Abb. 32 sind gestrichelt eingetragen

5.15 Strahlapparat mit Neunfachdüse

Die folgenden Untersuchungen (Abb. 35 und 36) werden an einer Mehrfachdüse vorgenommen, bei der sich um einen kräftigen Zentralstrahl acht Teilstrahlen gruppieren. Das Flächenverhältnis Zentralstrahl

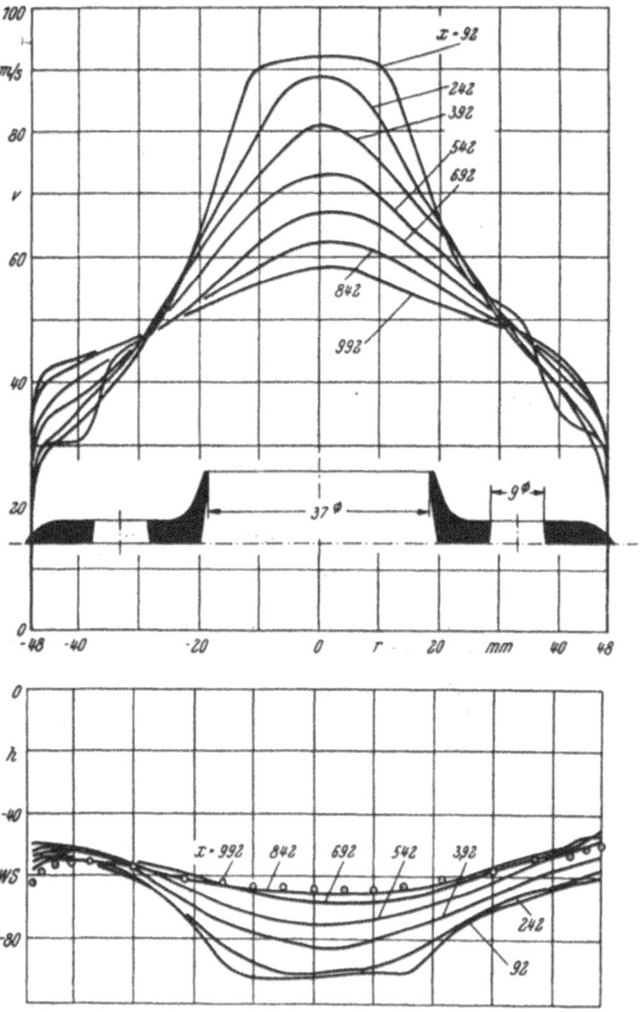

Abb. 35. Druck- und Geschwindigkeitsverteilung in verschiedenen Querschnitten der Mischkammer. Neunfachdüse, Zentralstrahldurchmesser $d_{Tza} = 37$, Randstrahldurchmesser $d_{Tra} = 9$, $l_M = 1000$, Fangdüse I, $\pi \approx 6{,}7$, $\mu \approx 1{,}5$

zu den Randstrahlen $F_{Tza}/n \,.\, F_{Tra} = 2{,}11$. Weil der Gesamtquerschnitt aller Strahlen dem Strahlquerschnitt der Konusdüse mit $d_{Ta} = 44{,}9$

gleich ist, können diese Versuche mit den unter 5.13 beschriebenen verglichen werden.

Da wegen der kurzen Treibdüse bei Verwendung der Fangdüse *II* die Zuströmverhältnisse ungünstig wären, wird die Untersuchung wieder mit der Fangdüse *I*, und zwar bei einem Abstand $t = 65$, durchgeführt. Das große Flächenverhältnis Zentralstrahl zu den Randstrahlen bewirkt, daß der Zentralstrahl dominiert, was in der gleichartigen Geschwindigkeitsverteilung im Vergleich zu den Versuchen mit der Konus-

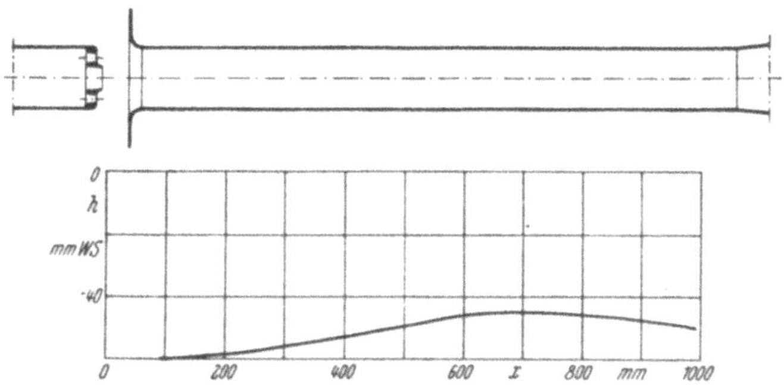

Abb. 36. Verlauf der Wanddrücke in der Mischkammer gemäß den Versuchen nach Abb. 35

düse zum Ausdruck kommt. Die Randstrahlen hingegen bewirken nur geringe Ausbuchtungen an den Geschwindigkeitsprofilen in unmittelbarer Nähe der Treibdüse ($x = 92$).

Schädlich wirkt sich allerdings die Ausbildung der Randdüsen aus, weil der vom Zentralstrahl angesaugte Förderstrom die Randstrahlen gleich an der Mündung quer erfaßt und ihnen dadurch in strömungsmäßig ungünstiger Weise Energie entzieht. Es wäre daher — ähnlich wie bei der Vierfachdüse — richtiger, die Randdüsen weiter vorzuziehen, so daß der Förderstrom schon vor deren Mündung Gelegenheit hat, an den Zentralstrahl heranzukommen.

Trotz des offensichtlich zu großen Flächenverhältnisses $F_{Tza}/n \, . \, F_{Tra}$ zeigt der Druckverlauf längs der Mischkammerwand (Abb. 36) gegenüber der im Querschnitt gleichwertigen Konusdüse eine Verschiebung des Druckmaximums gegen die Treibdüse. Dessen Abstand vom Düsenmund sinkt auf den siebenfachen Mischkammerdurchmesser.

5.16 Strahlapparat mit Fünffachdüse

Es wird das Flächenverhältnis $F_{Tza}/n \, . \, F_{Tra}$ bei gleichbleibender Gesamtfläche auf 0,25 herabgesetzt und außerdem zur Verringerung der Düsenverluste und Erleichterung des Durchtrittes des Saugstrahles die Zahl der Randstrahlen auf vier vermindert. Weiters werden im Gegensatz zur Abb. 12 d die Randdüsen um 15 mm vorgezogen, wodurch eine bedeutende Verkürzung der Mischkammer möglich ist. Dies ist aus der

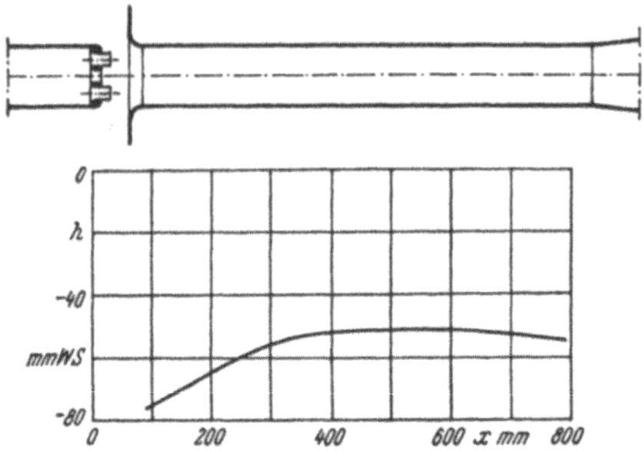

Abb. 37. Verlauf der Wanddrücke in der Mischkammer eines Strahlapparates mit Fünffachdüse. Einzelstrahldurchmesser $d_{Tza} = d_{Tra} = 20$, $l_M = 750$, Fangdüse *I*, $\pi \approx 6{,}1$, $\mu \approx 1{,}5$

Lage des Druckmaximums (Abb. 37) zu entnehmen, das praktisch schon in einer Entfernung des vierfachen Mischraumdurchmessers auftritt.

5.17 Verlauf der Wanddrücke in Abhängigkeit vom Druckverhältnis

Der Verlauf der Wanddrücke wird in den diesbezüglichen Abbildungen nur für die Lehrenstellung *6* der Ringdrossel gezeichnet. Es ist aber klar, daß die Art des Druckanstieges zwischen Treibdüsenmündung und Mischkammerende sowie dessen Größe natürlich sehr vom Druckverhältnis π bzw. Gewichtsverhältnis μ abhängig ist. In den Abb. 38 und 39 sind die Linien des Druckverlaufes in Abhängigkeit von π und dem dazugehörigen μ für den Strahlapparat mit der Konus- und Neunfachdüse vergleichsweise entsprechend den Lehrenstellungen *1* bis *8* der Ringdrossel dargestellt. Die gewählte Mischraumlänge von 750 mm liefert gemäß den skizzierten Anordnungen bei der Lehrenstellung *6* für beide Treibdüsen entsprechend den Optimalwerten von π und μ den besten Wirkungsgrad. Mit zunehmendem Gegendruck (abnehmendem π und μ) verschieben sich die Druckmaxima gegen die Fangdüse. Das ist aber belanglos, weil die Wirkungsgrade von der Lehrenstellung *6* an mit abnehmendem μ ebenfalls stark fallen und die Verwendung des Strahlapparates in diesem Bereich sehr unzweckmäßig wäre. Z. B. ergibt die Lehrenstellung *1* bei dieser Anordnung (Abb. 38) ein Gewichtsverhältnis $\mu = 0{,}01$, das praktisch dem Fördergewicht $G_2 = 0$ und einem Wirkungsgrad $\eta = 0$ entspricht.

Die Drucklinien beginnen bei allen Lehrenstellungen unterhalb des Ansaugedruckes. Das heißt, auch beim kleinsten Förderstrom bewirkt der Treibstrahl noch dessen Mitnahme über den ganzen Ansaugequerschnitt. Das muß aber keineswegs immer der Fall sein.

Wird der Treibdüsendurchmesser verkleinert, so können größere Wanddrücke als der Ansaugedruck auftreten, die auf ein Rückströmen schließen lassen. Das ist besonders deutlich bei Nullförderung $G_2 = 0$ zu erkennen. Der Treibstrahl, der in den flüssigkeitserfüllten Raum eintritt, nimmt infolge seiner Schleppwirkung einen gewissen Förderstrom mit, der aber nicht weiterbefördert werden kann, weil der eingestellte Gegendruck nur den Durchtritt der Treibmenge durch die Druckleitung gestattet, weshalb der überschüssige Saugstrom zur Umkehr gezwungen wird. Es bildet sich in der Fangdüse und in einem Teil des Mischraumes

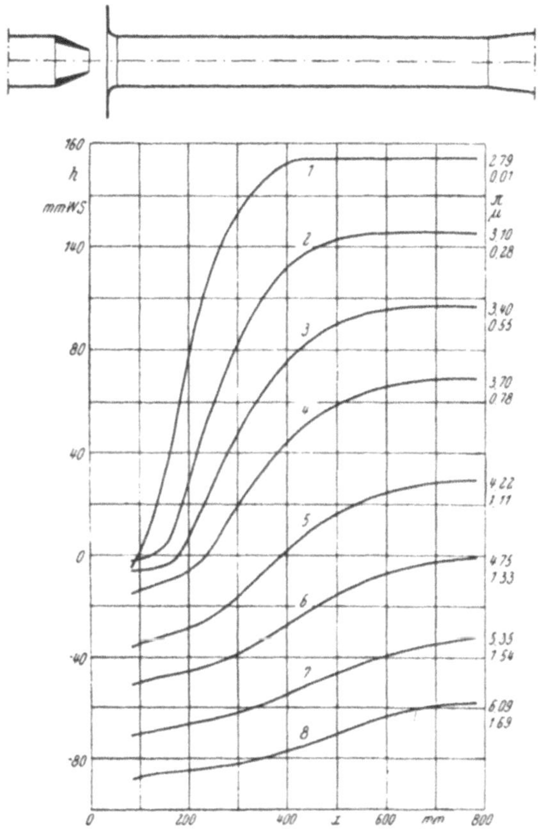

Abb. 38. Verlauf der Wanddrücke in der Mischkammer eines Strahlapparates mit Konusdüse bei verschiedenen Druckverhältnissen π bzw. Gewichtsverhältnissen μ

also ein Ringwirbel aus. Wird der Gegendruck langsam herabgesetzt, so daß eine geringe Förderung eintritt, bleibt der sich verkleinernde Ringwirbel noch immer erhalten und verschwindet erst dann, wenn der Gegendruck so groß wird, daß der Treibstrahl eine den ganzen Saugquerschnitt ausfüllende Saugmenge transportieren kann.

Ein ähnlicher Effekt wird durch eine weitere Vergrößerung des Abstandes t (Treibdüsenaustritt-Mischkammereintritt) hervorgerufen, weil sich der Strahl vor Erreichen der Mischkammer genügend ausbreiten kann.

Der Druckanstieg beim Strahlapparat mit der Neunfachdüse ist bei den Lehrenstellungen 5–8 ähnlich jenem bei Verwendung der Konusdüse. Allerdings verschlechtert die Strahlteilung das entstehende Vakuum am Eintritt, was sich natürlich in einer geringeren Saugwirkung äußert.

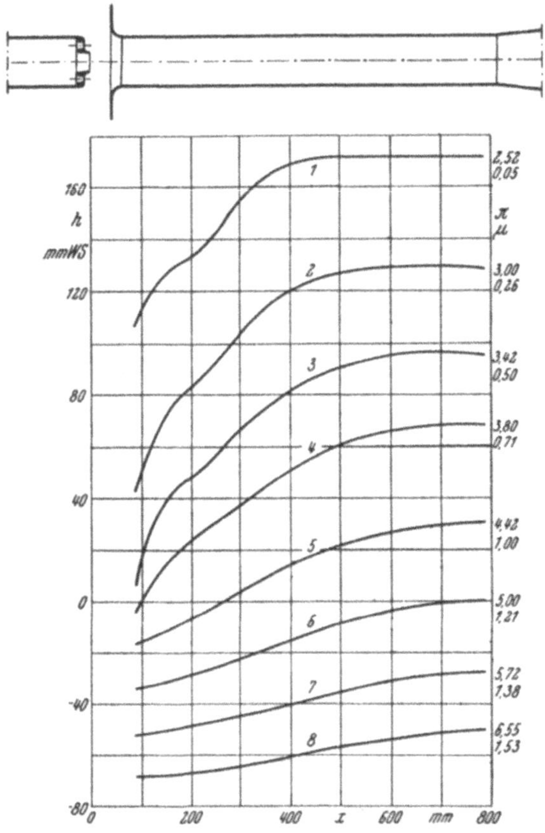

Abb. 39. Verlauf der Wanddrücke in der Mischkammer eines Strahlapparates mit Neunfachdüse bei verschiedenen Druckverhältnissen π bzw. Gewichtsverhältnissen μ

Bei niedrigen Lehrenstellungen sind die Drücke am Anfang der Mischkammer daher bereits größer als der Ansaugedruck. Das ist die gleiche Erscheinung, die auch beim Einzelstrahl bei großen Treibdüsenabständen zu beobachten ist.

5.18 Zusammenfassung

Die bisherigen Untersuchungen, die sich auf die Ausmessung des Mischfeldes beschränken, zeigen, in welcher Weise die untersuchten Treibdüsen die Strömungsvorgänge beeinflussen. Auf die Leistungsfähigkeit des Ejektors wird vorerst nicht eingegangen.

Der Treibstrahl aus der tief in den Mischraum hineinragenden Zylinderdüse durchstößt gleichsam infolge seiner Steifigkeit das umgebende Medium und benötigt zur Erlangung einer genügend ausgeglichenen Mischung (oder Geschwindigkeits- und Druckverteilung) den längsten Mischweg. Die durch die besondere Ausbildung der Fangdüse *I* erzwungene Anfangsparallelität der Strahlen bedingt zweifellos gewisse Verluste im Saugstrahl, die durch Änderung der Fangdüse vermieden werden können.

Diesen Erkenntnissen trägt die Versuchsreihe mit der Konusdüse Rechnung, bei welcher sowohl die Verluste in der Treibdüse als auch in der Fangdüse herabgesetzt werden. Die Vorbeschleunigung des Saugstrahls in der sich langsam auf den Mischraumdurchmesser verengenden Fangdüse bewirkt den raschen Abbau des Treibstrahles und daher eine Verkürzung der Mischkammer.

Durch Unterteilung des Treibstrahles in mehrere Strahlen mit vergrößerter Gesamtoberfläche kann der Mischraum weiter verkürzt werden, und es zeigt sich, daß Mehrfachdüsen mit Zentralstrahl kürzere Mischwege verlangen als solche ohne Zentralstrahl.

Aus den Versuchen geht weiters hervor, daß es zweckmäßig ist, das Verhältnis Zentralstrahlquerschnitt zu den Randstrahlquerschnitten klein zu halten. Ferner ist es vorteilhaft, die Randdüsen gegenüber dem Austrittsquerschnitt der Zentraldüse vortreten zu lassen, um dem Saugstrahl das Zuströmen zu erleichtern.

5.2 Kennlinienverlauf bei verschiedener Gestaltung des Strahlapparates

Die Versuche werden bei praktisch konstantem Treibdruck so durchgeführt, daß der Gegendruck (also π) und damit das Gewichtsverhältnis μ verändert wird. Die Meßpunkte werden nach den Überlegungen des theoretischen Teiles zweckmäßig dimensionslos in einem Schaubild mit dem Druckverhältnis π als Abszisse und dem Gewichtsverhältnis μ als Ordinate aufgetragen, wodurch die Kennlinien erhalten werden.

Die Untersuchungen bezwecken zunächst die Erfassung verschiedener Einzeleinflüsse auf die Wirkung des Strahlapparates. Auf Grund der gewonnenen Ergebnisse werden später mit Strahlapparaten optimaler Formgebung Versuche durchgeführt, die eine eindeutige Beziehung zwischen Betriebswerten und optimalen Hauptabmessungen ergeben.

5.21 Einfluß der Treibdüsenform

Die Kennlinien in der Abb. 40 sind aus Versuchen mit Zylinderdüsen (Linien *a*) und Konusdüsen (Linien *b*) vom Durchmesser 40 und 49 entsprechend den Durchmesserverhältnissen $\delta = 0{,}417$ und $\delta = 0{,}511$ bei konstantem Abstand $t = 71$, der Mischkammerlänge $l_M = 1000$ und der Fangdüse *II* hervorgegangen.

Die Konusdüse, die geringere Reibungsverluste als die Zylinderdüse aufweist, liefert natürlich günstigere Strömungsverhältnisse, weshalb bei gleichen Gegendrücken größere Mengen gefördert werden. Die Verbesserung des Wirkungsgrades im Leistungsoptimum ist leicht an der Änderung der durch den Punkt ($\pi = 1$, $\mu = 0$) an die Kurven zu legenden Tangenten zu erkennen und beträgt ungefähr 1,5 %. Das ist sehr viel, wenn die Verbesserung auf die ursprüngliche Leistung bezogen wird. Sie beträgt dann fast 5 % und vergrößert sich relativ noch bei abnehmendem π und μ.

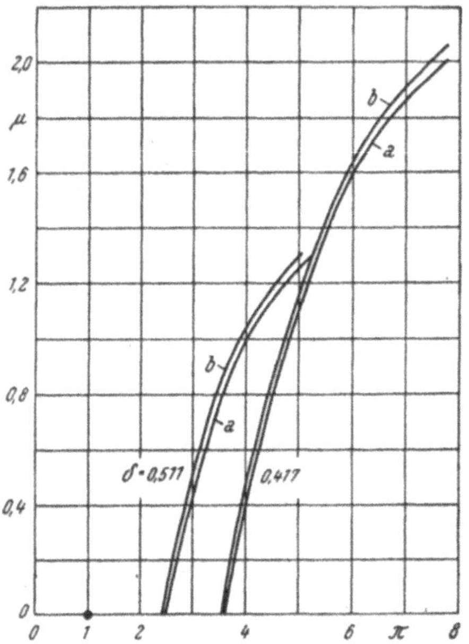

Abb. 40. Vergleich der Kennlinien zweier Strahlapparate mit Zylinderdüse *a* und Konusdüse *b*

Verschiebt man die Linien *a* in Richtung der Ordinatenachse, decken sie sich mit den Linien *b*. Änderungen in den Reibungsverhältnissen der Treibdüsen bewirken also eine Parallelverschiebung der Kennlinien in Richtung der Ordinatenachse. Ist also die Kennlinie einer Düse und deren Reibungswert φ_T bekannt, so ist das Aufzeichnen der Kennlinie einer ähnlichen Düse mit anderem Reibungsbeiwert durch Berechnung des Druckverhältnisses π_0 gemäß Gl. (21) ohne weitere Versuche möglich.

In diesem Zusammenhang seien auch gleich die Ergebnisse der Versuche mit der Dralldüse und der Konusdüse mit gewellter Austrittskante erwähnt. Während festgestellt wird, daß sich der erzeugte Drall im Treibstrahl auf die Leistung des Strahlapparates schädlich auswirkt, zeigt die Konusdüse mit gewellter Austrittskante keine Verschlechterung. Eine Verbesserung des Versuchsergebnisses gegenüber der im Querschnitt gleichen Konusdüse tritt jedoch nicht ein. Dies dürfte darauf zurückzuführen sein, daß die erzwungene Vergrößerung der Strahloberfläche unmittelbar nach dem Austritt aus der Treibdüse verloren geht, weil der Strahl bestrebt ist, einen Querschnitt minimalen Umfanges einzunehmen.

5.22 Einfluß der Mischkammerlänge

Die Kennlinien für die verschiedenen Mischkammerlängen $l_M = 1000$, 750, 500 und 250 für den Strahlapparat mit Konusdüse 44,9 ⌀ bei einem Treibdüsenabstand $t = 60$ und Fangdüse *I* gehen aus Abb. 41 hervor.

Aus der Lage der Kurven ergibt sich die optimale Mischkammerlänge mit $l_M/d_M = 7{,}8$. Eine Verlängerung des Mischraumes führt infolge der erhöhten Wandreibungsverluste ebenso zu einem Leistungsabfall wie auch dessen Verkürzung. Unvollkommene Durchmischung bringt dann eine Leistungseinbuße mit sich. Die Gefahr, die Mischkammer zu kurz auszubilden, ist aus Gründen der Platzersparnis viel eher gegeben, weshalb ausdrücklich auf den Leistungsabfall hingewiesen sei, der besonders deutlich an der Linie $l_M/d_M = 2{,}6$ zu erkennen ist. Das Gemisch wird eben, wie aus den Feststellungen des Abschn. 5.1 hervorgeht, in sehr schlecht durchmischtem Zustand in den Diffusor entlassen. Der schlechte Durchmischungsgrad überwiegt wesentlich den Vorteil der verminderten Wandreibung. Die kürzere Mischkammerlänge wirkt sich lediglich im Gebiete der Nullförderung günstig aus, in welchem die Kennlinien etwas über jenen längerer Mischkammer liegen; eine Tatsache, die schon aus Gl. (21) hervorgeht, für den praktischen Betrieb aber ohne Bedeutung ist.

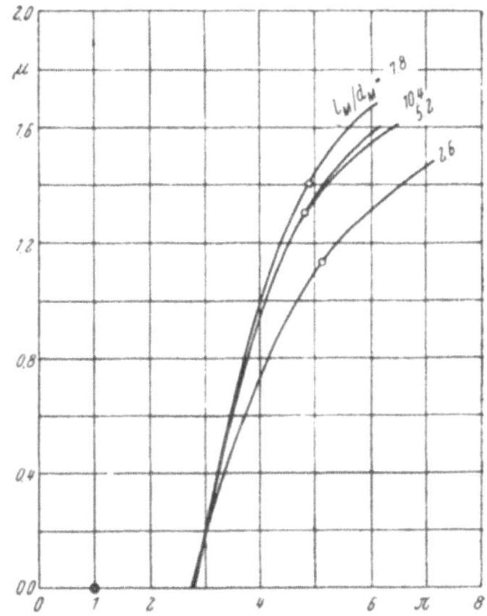

Abb. 41: Einfluß der Mischkammerlänge auf den Kennlinienverlauf eines Strahlapparates mit Konusdüse. $\delta = 0{,}468$

In den einzelnen Kurven der Abb. 41 sind die Wirkungsgradmaxima durch Ringe markiert, aus deren Lage leicht zu ersehen ist, daß diese praktisch bei konstantem Druckverhältnis $\pi = 5$ auftreten. Diese Erkenntnis ist deswegen sehr wertvoll, weil dadurch ein eindeutiger Vergleich der besten Wirkungsgrade in Abhängigkeit von der Mischraumlänge (Abb. 42, Linie *a*) möglich ist.

Der Wirkungsgradabfall von fast 9 % beim Übergang von der optimalen Mischraumlänge ($\eta_{max} = 0{,}366$) auf die gekürzte Mischkammer ($\eta = 0{,}280$) zeigt einen der Hauptgründe auf, weshalb die üblichen Strahlapparate mit Einzelstrahl einen so schlechten Wirkungsgrad haben. Der Treibstrahl schlägt durch die Mischkammer durch und seine Energie zehrt sich im Diffusor und im anschließenden Druckrohr durch Reibung auf. Diese Erscheinung ist besonders bei großen Druckverhältnissen π zu beobachten.

Die Ergebnisse der Untersuchungen an der Fünffachdüse (Linie *b*) und der Neunfachdüse (Linie *c*), die den gleichen Gesamtstrahlquerschnitt aufweisen wie die Konusdüse mit $d_{Ta} = 44{,}9$ mm, sind vergleichsweise in Abb. 42 eingezeichnet. Die Versuche werden mit Fangdüse *I* bei konstantem Abstand $t = 60$ durchgeführt. Die Wirkungsgradmaxima sind im Sinne einer Verkürzung der Mischkammer gegen die Treibdüsenmündung zu verschoben, wie schon aus dem Verlauf der Wanddrücke zu vermuten war. Bei der Fünffachdüse liegt der Maximalwert ungefähr bei dem Verhältnis $l_M/d_M = 4$, ist jedoch um 1,6 % kleiner als jener beim

Strahlapparat mit Konusdüse, der bei $l_M/d_M = 8$ liegt. Bei gleicher Mischkammerlänge ($l_M/d_M = 4$) ist dagegen der Wirkungsgrad der Fünffachdüse um fast 4 % größer. Sind also aus konstruktiven Gründen kurze Mischräume erforderlich, empfiehlt sich daher die Anwendung von Mehrfachdüsen. Ist aber genügend Raum für die konstruktive Entwicklung

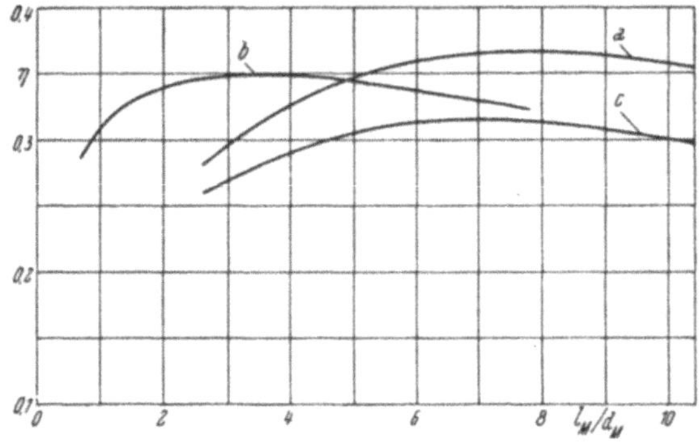

Abb. 42. Optimale Wirkungsgrade von Strahlapparaten mit verschiedenen Treibdüsen gleichen Gesamtstrahlquerschnittes in Abhängigkeit von der Mischraumlänge
a Konusdüse, $d_{Ta} = 44{,}9$; *b* Fünffachdüse; *c* Neunfachdüse

des Strahlapparates vorhanden, genießt unbedingt die einstrahlige Ausführung mit langer Mischkammer den Vorzug.

Der schlechte Wirkungsgrad der Neunfachdüse ist — wie schon früher erwähnt — auf das ungünstige Querschnittsverhältnis Mittelstrahl zu den Randstrahlen zurückzuführen.

5.23 Einfluß des Treibdüsenabstandes

Der Einfluß des Abstandes t des Treibdüsenaustrittes vom Mischkammereintritt wird am Beispiel der Zylinderdüsen gezeigt, weil mit ihnen bei der gegebenen Versuchsanordnung die größte Variationsmöglichkeit zu erzielen ist. In der Abb. 43 wird die Abhängigkeit vom Abstand t bei der Fangdüse *II* für $t = 18$, 71 und 118 dargestellt.

In das Diagramm sind die Versuchsergebnisse mit den Zylinderdüsen $d_{Ta} = 49$ und 40 und vergleichsweise auch der Vierfachdüse 4×20 eingezeichnet.

Die Anfangspunkte sämtlicher zu einem Treibdüsendurchmesser gehörigen Kurven fallen zusammen, weil der Einfluß der Ansaugeverhältnisse und Zulaufbedingungen für den Saugstrom, der Null ist, naturgemäß keine Rolle spielen kann.

Bei großen Treibdüsenabständen macht sich die Strahlausbreitung bereits stark bemerkbar. Und zwar tritt ein Verlust in der Fangdüse dadurch ein, daß Flüssigkeitspartien außerhalb der Fangdüse beschleunigt werden, die gar nicht mehr mitgefördert werden können. Anderseits bewirken kleine Abstände t beträchtliche Reibungsverluste des Saugstrahles einerseits an der Außenwand der Treibdüse und anderseits an der

Innenwand der Fangdüse. Diese Tatsache kommt auch in den Versuchsergebnissen der Abb. 43 zum Ausdruck, und es zeigt sich, daß die günstigsten Treibdüsenabstände zwischen $t = 18$ und $t = 71$ mm liegen, und zwar unabhängig vom Durchmesser der Treibdüse. Beim kleinsten untersuchten Treibdüsenabstand $t = 18$ tritt bereits eine deutliche Verengung

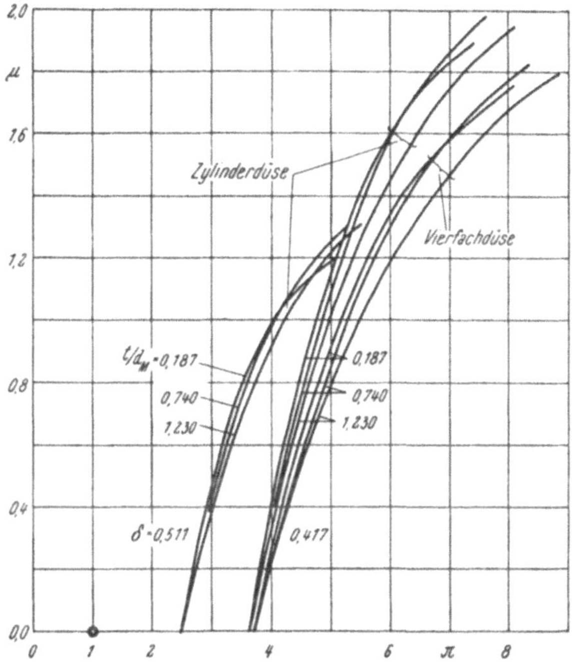

Abb. 43. Einfluß des Treibdüsenabstandes t auf den Kennlinienverlauf eines Strahlapparates mit Zylinderdüsen und Vierfachdüse

des Saugquerschnittes auf, die sich aber erst bei größeren Förderleistungen auswirkt und mit zunehmendem Saugstrom ein Absinken der Leistung unter jene bei größeren Abständen t bewirkt. Dieses Absinken kommt um so mehr zum Ausdruck, je größer der Treibdüsendurchmesser wird. Auch die Versuche mit der Vierfachdüse lassen dieselben Erscheinungen erkennen. Der stark ausgeprägte Leistungsverlust im Vergleich zur Zylinderdüse ist eine Folge der hohen Reibungsverluste in der Treibdüse und der ungleichen Beaufschlagung der Einzelstrahlen, wie auch aus den diesbezüglichen Strömungsuntersuchungen des Abschn. 5.1 hervorgeht.

5.24 Einfluß der Fangdüsenform

Der Vergleich der beiden untersuchten Fangdüsen, der wieder wegen der größeren Variationsmöglichkeit des Abstandes t mit den Zylinderdüsen von 32, 40 und 49 mm ϕ bei $t = 18$, dem optimalen Wert bei Verwendung der Fangdüse *I*, durchgeführt wird, zeigt die Überlegenheit der

Fangdüse *II*, die wegen ihrer schlankeren Form dem Saugstrahl eine gute Vorbeschleunigung erteilt (Abb. 44).

Bei größeren Saugströmen kreuzen sich die Kennlinien, wie es bei $\delta = 0{,}511$ am deutlichsten zu sehen ist, da der Ansaugequerschnitt bei

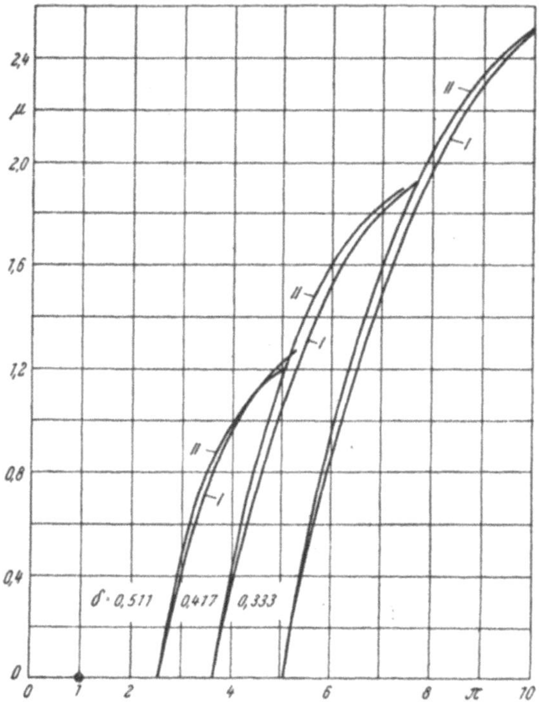

Abb. 44. Einfluß der Fangdüsenform auf den Kennlinienverlauf eines Strahlapparates mit Zylinderdüse

der Fangdüse *II* bei gleichem Abstand *t* kleiner ist als jener bei Fangdüse *I*. Diese Einschnürung des Saugstrahles macht sich erst bei großen Saugströmen bemerkbar. Werden aber zum Vergleich die Versuche mit optimalem Treibdüsenabstand bei Fangdüse *II* ($t = 50$) herangezogen, zeigt diese sich auch im Bereich großer Förderströme der Fangdüse *I* überlegen.

Bei Verwendung kurzer Mehrfachdüsen sind dagegen mit der Fangdüse *I* bessere Ergebnisse als mit der Fangdüse *II* zu erzielen.

5.25 Einfluß von Unsymmetrien

Der große Wert, der beim Entwurf der Versuchsanlage auf die Ausschaltung aller nur möglichen strömungsstörenden Einflüsse durch Unsymmetrien gelegt wurde, kommt bei den bisherigen Versuchsergebnissen in der beachtlichen Höhe der Wirkungsgrade zum Ausdruck, die weit über 30 % liegen. Dabei ist noch zu beachten, daß es sich hier lediglich um Modellversuche handelt, so daß bei der Ausführung von Großejektoren noch eine gewisse Aufwertung der Versuchsergebnisse zu erwarten ist.

Um nun die Einflüsse auf die Wirkungsgrade von Strahlapparaten, deren Gestaltung oft aus den konstruktiven Gegebenheiten resultiert, noch öfter aber auf die Unkenntnis der Strömungsvorgänge zurückzuführen ist, größenordnungsmäßig klarzulegen, wird ein Strahlapparat mit einer Saugkammer untersucht, welcher der Saugstrom durch verschieden angeordnete Krümmer zugeführt wird.

In der Abb. 45 ist die Anordnung maßstabgerecht dargestellt, und die Versuchsergebnisse sind den darunter befindlichen Kennlinien zu entnehmen. Für die Versuche wird die Konusdüse mit $d_{Ta} = 44{,}9$ bei $t = 60$, die Fangdüse *I* und eine 500 mm lange Mischkammer verwendet.

Die Änderung der absolut klaren Zuströmverhältnisse im Falle *a* durch konstruktive Zwangsmaßnahmen bedingen Minderleistungen, die sich im Falle *b* bei Verwendung einer Saugkammer mit Krümmeranschluß in Strömungsrichtung des Treibstrahles durch einen Abfall im Wirkungsgradmaximum von 0,350 auf 0,298 auswirkt.

Im Falle *c*, bei Anordnung des Krümmers senkrecht zur Achse des Strahlapparates, tritt sogar ein noch stärkerer Abfall, nämlich auf 0,284, ein. Die Verschlechterung der Strömungsverhältnisse in den Fällen *b* und *c* finden auch ihren Niederschlag in der nunmehr in Erscheinung tretenden Ungleichheit der Wanddrücke längs des Mischkammerumfanges bis an das Ende der Mischkammer, die im Falle *a* nicht zu beobachten war.

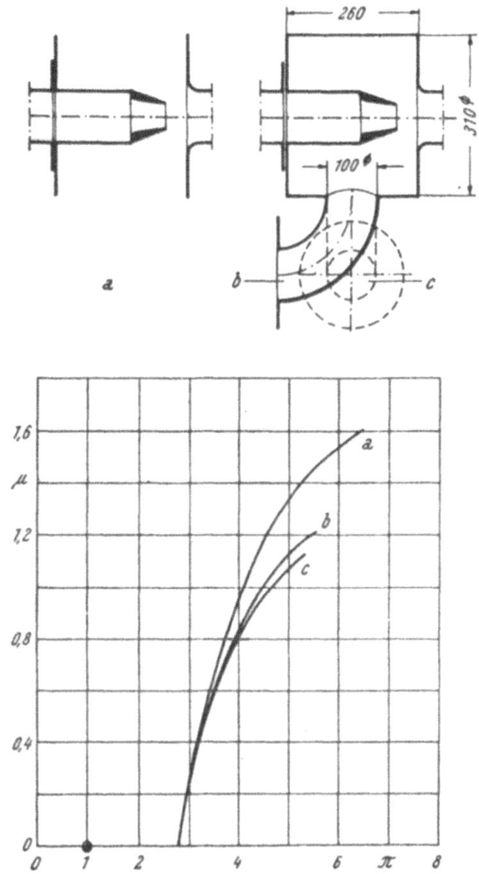

Abb. 45. Einfluß einer mit Anschlußkrümmer versehenen Saugkammer auf den Kennlinienverlauf eines Strahlapparates mit Konusdüse. $\delta = 0{,}468$

a allseitiges Ansaugen aus dem Raume; *b* Saugkammer mit Krümmer in Richtung des Treibstrahles; *c* Saugkammer mit Krümmer senkrecht zur Strahlachse

5.3 Optimaler Kennlinienverlauf und optimale Hauptabmessungen von Strahlapparaten

Auf Grund der bisherigen Versuche sind nun die wichtigsten Einflüsse bekannt, deren Kenntnis für die optimale Formgebung von Ejektoren erforderlich ist. Mit einem Strahlapparat, der nun hinsichtlich der Gestaltung der Treib- und Fangdüse diesen Erkenntnissen Rechnung trägt, werden bei den jeweils günstigsten Treibdüsenabständen und Misch-

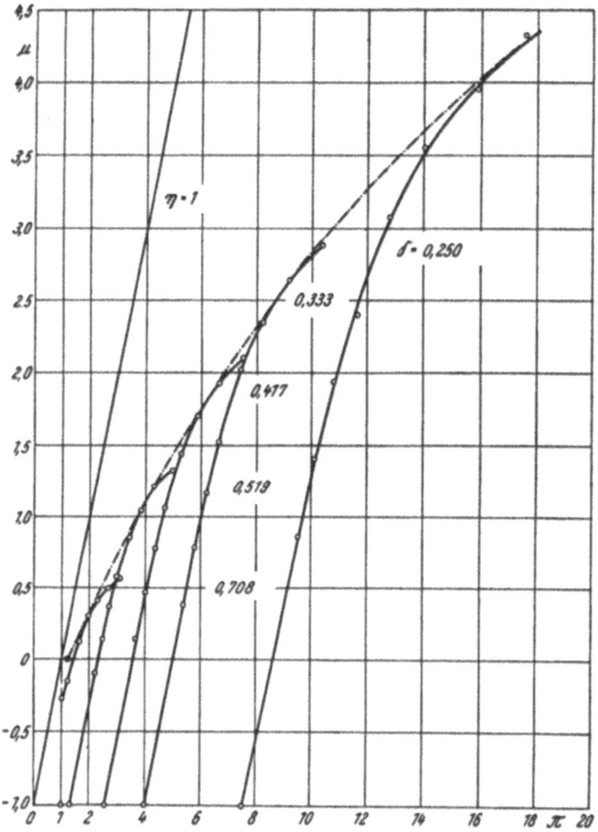

Abb. 46. Kennfeld bei optimalen Hauptabmessungen (Luftversuche)

kammerlängen die Kennlinien aufgenommen. Das damit erhaltene Kennfeld ermöglicht die Dimensionierung des bestmöglichen Ejektors bei gegebenen Bestimmungsgrößen.

Die Versuche werden mit Konusdüsen und Fangdüse *II* zunächst mit Luft durchgeführt, wobei die Durchmesserverhältnisse $\delta = 0{,}250$, 0,333, 0,417, 0,519 und 0,708 betragen. Die Ergebnisse gehen aus Abb. 46 hervor. Der Meßbereich erstreckt sich jetzt von dem mit Rücksicht auf die Anlage jeweils größtmöglichen Gewichtsverhältnis μ bis zum Wert $\mu = -1$, dem allerdings nur theoretische Bedeutung zukommt. Hier verläßt nämlich die gesamte Treibmenge den Strahlapparat durch den Ansaugequerschnitt in entgegengesetzter Richtung.

Bei den Wasserversuchen, die mit der dem Luftversuch entsprechenden Anordnung A (Abb. 21) erfolgen, werden die Kennlinien für die Durchmesserverhältnisse $\delta = 0{,}198$, 0,248, 0,277, 0,327, 0,396, 0,515 und 0,693 aufgenommen. Zur Feststellung einer etwaigen Abhängigkeit ihres Verlaufes von der absoluten Höhe der Treib- und Saugdrücke werden die Kennlinien im verfügbaren Bereich bei verschiedenen Werten

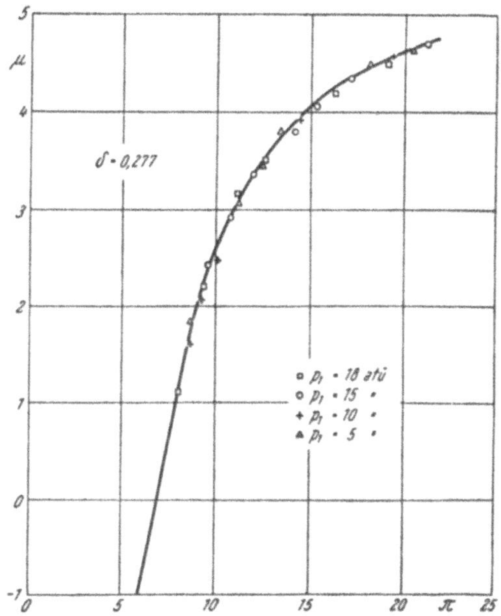

Abb. 47. Kennlinienverlauf bei verschiedenen Treibdrücken

dieser Drücke — also bei verschiedenen Reynoldsschen Zahlen — ermittelt. Als Beispiel sei die Kennlinie für $\delta = 0{,}277$ herausgegriffen, bei welcher der Treibdruck zwischen 5 und 18 atü variiert wird (Abb. 47). Die Reynoldssche Zahl

$$Re = \frac{d_M \cdot v_M}{\nu} \tag{45}$$

bewegt sich dabei zwischen ca. 900 000 und ca. 1 300 000. Die auftretende Streuung liegt innerhalb der Meßgenauigkeit. Dieses Ergebnis wird, auch hinsichtlich des Saugdruckes, für alle Durchmesserverhältnisse erzielt. Es kann daher im untersuchten Bereich auf eine Beeinflussung des Kennlinienverlaufes durch die absolute Höhe der Drücke nicht geschlossen werden.

Abb. 48 zeigt nun das gesamte Kennfeld und in Abb. 49 sind die daraus gemäß Gl. (27) resultierenden Wirkungsgradkurven dargestellt. Der Untersuchungsbereich der Wasserversuche ist gegenüber den Luftversuchen wesentlich erweitert.

Der Vergleich der bei den Wasserversuchen ermittelten Kennlinien mit jenen der Luftversuche (in Abb. 48 gestrichelt eingezeichnet) erlaubt,

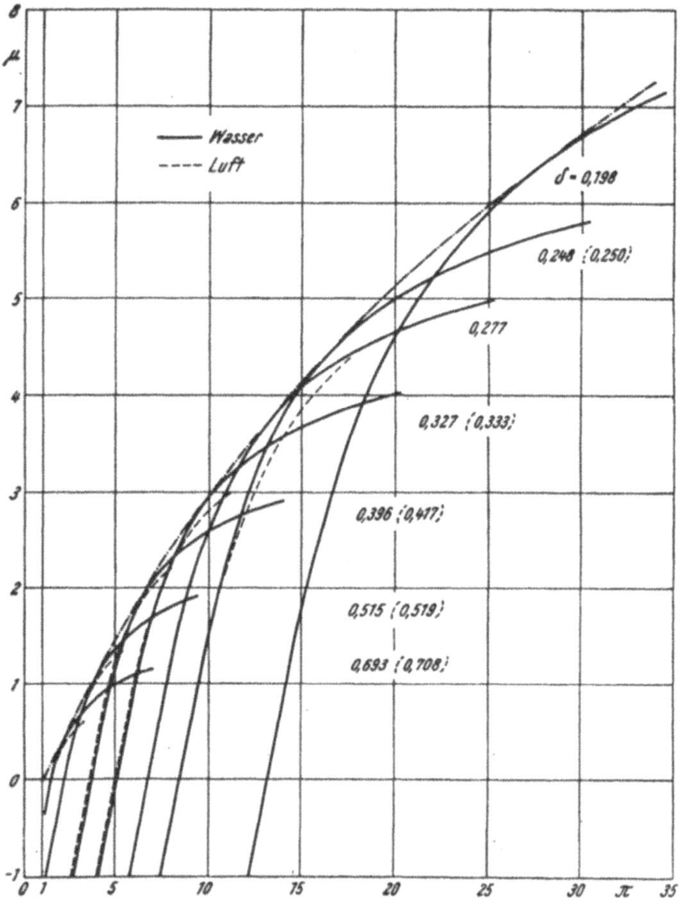

Abb. 48. Kennfeld bei optimalen Hauptabmessungen (Wasserversuche)

den Einfluß der Reynoldsschen Zahl festzustellen und damit Rückschlüsse auf die Aufwertung zu ziehen.

Die Luftversuche werden bei $Re_L = 250\,000$ ($\pm$ 15 % Toleranz) und die Wasserversuche bei $Re_W = 1\,100\,000$ (± 30 % Toleranz) durchgeführt, so daß deren Verhältnis etwa

$$\frac{Re_L}{Re_W} \approx \frac{1}{4{,}5} \tag{46}$$

beträgt. Entsprechend diesem Verhältnis liegen die Kennlinien der Wasserversuche in ihren oberen Bereichen etwas über jenen der Luftversuche, was eine gewisse Wirkungsgradverbesserung bedeutet.

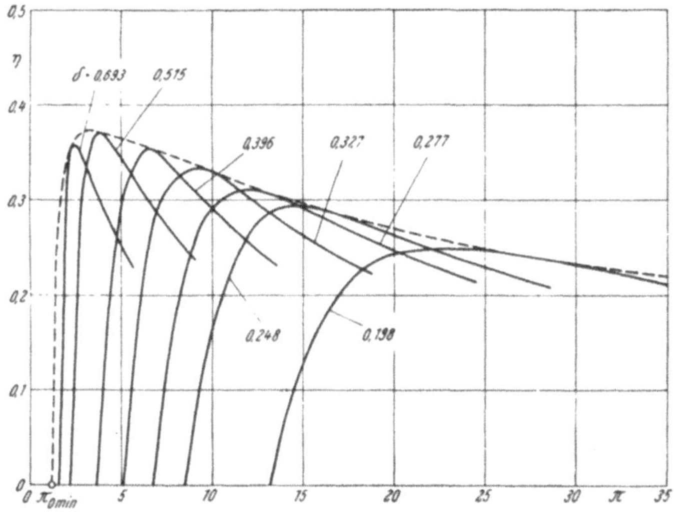

Abb. 49. Wirkungsgrade gemäß dem Kennfeld Abb. 48

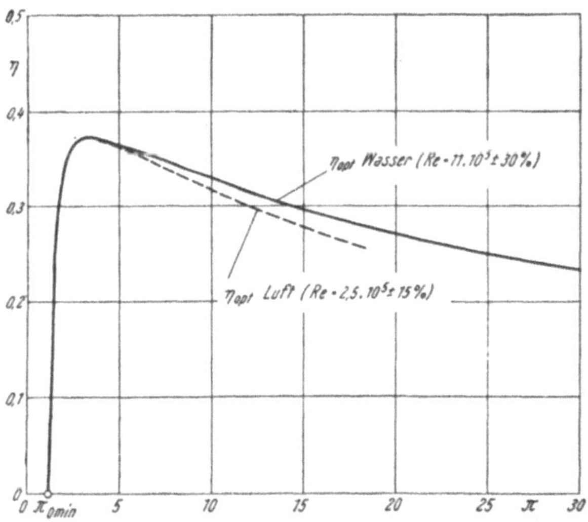

Abb. 50. Vergleich der bei den Luft- und Wasserversuchen ermittelten optimalen Wirkungsgradverläufe

In Abb. 50 sind die optimalen Wirkungsgradlinien der Luft- und Wasserversuche miteinander verglichen, und es zeigt sich, daß mit steigendem Druckverhältnis π und damit sinkendem Durchmesserverhältnis δ

der Einfluß von Re zunimmt. Diese Erscheinung mag ihre Erklärung in der Tatsache finden, daß mit abnehmendem Durchmesserverhältnis der Mischvorgang mehr auf den zentralen Bereich der Mischkammer beschränkt bleibt und der Wandeinfluß immer stärker in den Hintergrund tritt.

Besonders wichtig für den Entwurf von Strahlapparaten ist die Einhüllende aller Kennlinien, welche die Betriebspunkte mit optimalem Wirkungsgrad ergibt. Soll also der bestmögliche Wirkungsgrad erreicht werden, dann ist jedem Wert von π ein bestimmter Wert von μ bei

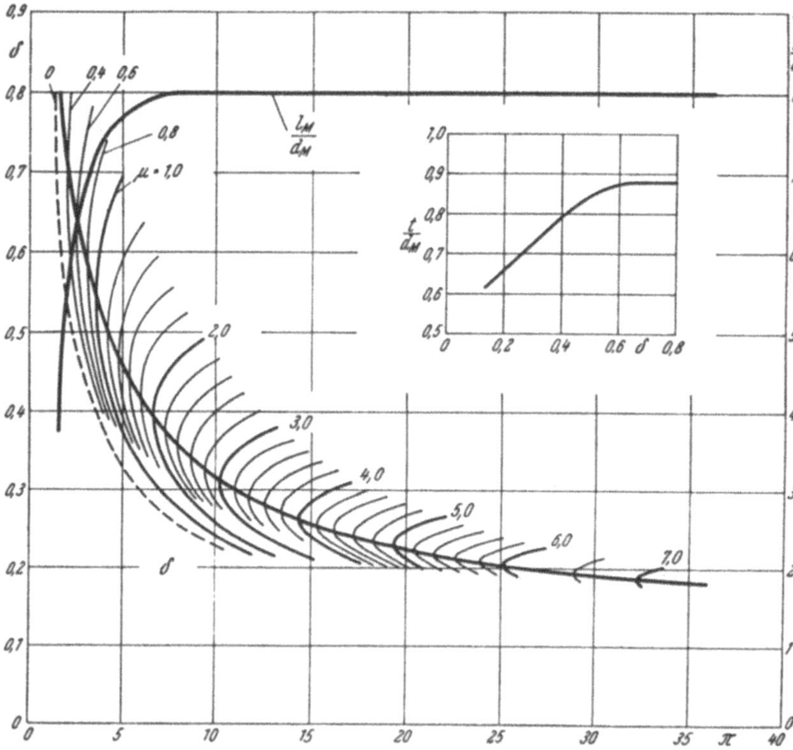

Abb. 51. Hauptabmessungen von Strahlapparaten

einem gewissen Durchmesserverhältnis δ zugeordnet. Das heißt mit anderen Worten, es ist dann eine von den Betriebsgrößen (Treib- und Saugstrom, Treib-, Saug- und Gegendruck) nicht mehr wählbar.

Der Anfangspunkt der Einhüllenden liegt beim Verhältnis $\delta = 1$ nicht aber bei $\pi = 1$, sondern entsprechend dem Diffusorwirkungsgrad etwas darüber. Bei diesem Grenzfall reduziert sich die optimale Mischraumlänge auf 0, und der Diffusor schließt unmittelbar an die Treibdüse an. Mit Hilfe der Gl. (22) läßt sich das minimale Druckverhältnis mit $\pi_{0\,\min} = 1{,}2$ berechnen.

Zur Bestimmung jenes Strahlapparates, mit welchem der maximale Wirkungsgrad überhaupt zu erzielen ist, wird an die Einhüllende die durch den Punkt ($\pi = 1$, $\mu = 0$) gehende Tangente gelegt. Der Berührungspunkt liefert dann die zu diesem Bestwert gehörenden Druck- und Gewichtsverhältnisse. Zum gleichen Ergebnis gelangt man natürlich, wenn die Einhüllende der Wirkungsgradkurven gezeichnet wird (Abb. 49). Der ermittelte maximale Wirkungsgrad liegt bei $\delta = 0{,}53$ und beträgt 37,0 %. Er entspricht dem Betriebspunkt $\pi = 3{,}9$ und $\mu = 1{,}07$. Es ist aber damit nicht gesagt, daß dieser Wert im Bereich der untersuchten REYNOLDSschen Zahlen einen absoluten Höchstwert darstellt, denn es würden sicherlich durch eine noch sorgfältigere Oberflächenbearbeitung (Hochglanzpolieren) gewisse — wenn auch nur geringe — Verbesserungen möglich sein. Auch könnte es sein, daß durch eine noch verfeinerte Formgebung der Fangdüse — es werden ja nur zwei Formen untersucht — vorstehende Optimalwerte sich erhöhten.

In Abb. 51 sind Durchmesserverhältnis δ und optimale Mischkammerlänge l_M in Abhängigkeit vom Druckverhältnis π und optimaler Treibdüsenabstand t in Abhängigkeit von δ dargestellt. Die Kurven δ über π mit dem Gewichtsverhältnis μ als Parameter lassen sich aus dem Kennfeld (Abb. 48) konstruieren. Die Punkte, in denen diese Kurven vertikale Tangenten aufweisen, entsprechen den Betriebspunkten mit jeweils optimalem Wirkungsgrad, und die Verbindungslinie dieser Punkte ergibt den Verlauf des Durchmesserverhältnisses für beste Wirkungsgrade.

Ein Ejektor für optimalen Wirkungsgrad ist nun folgendermaßen zu entwerfen: Mit Hilfe der Einhüllenden (Abb. 48) werden die einander zugeordneten Werte von μ und π bestimmt, woraus sich die fehlende Betriebsgröße ergibt. Aus Treibstrom, Treib- und Saugdruck wird nun unter Verwendung von Gl. (18) der Durchmesser der Treibdüse ermittelt, mit welchem der Abb. 51 die Hauptabmessungen entnommen werden. Der Austrittsdurchmesser des Diffusors soll etwa das 2,5- bis 3-fache des Mischkammerdurchmessers bei einem Öffnungswinkel von 6^0 bis 10^0 betragen. (Siehe auch Zahlenbeispiel Abschn. 6.)

5.4 Beeinflussung des Kennlinienverlaufes durch die Einbauverhältnisse

Das im vorliegenden Abschnitt entwickelte Kennfeld gilt für Ejektoren mit günstigsten Einbauverhältnissen, worunter vor allem eine genügend lange gerade Anlaufstrecke vor der Treibdüse und eine genügend lange gerade Ablaufstrecke nach dem Ejektor zu verstehen ist. In der Praxis kann sich jedoch in verschiedenen Fällen die Notwendigkeit ergeben, in der Treib- und Druckleitung nahe dem Ejektor Krümmer oder Schieber anzuordnen, wodurch sich der Wirkungsgrad verschlechtern könnte. Diese Fragen werden durch Untersuchungen mit Hilfe der Varianten 2 und 3 der Versuchsanordnung A (Abb. 21) sowie der Varianten 2—4 der Anordnung B (Abb. 22) geklärt. Bei der Variante B/1 ist der Krümmer noch so weit von der Treibdüse entfernt, daß er auf keinen Fall einen Einfluß auf den Wirkungsgrad ausüben kann. Diese Anordnung dient daher nur zu Kontrollmessungen, um einen Anschluß an die Versuchswerte der Anordnung A zu erhalten.

Abb. 52 enthält die Ergebnisse der Messungen mit einem Krümmer in der Treibleitung (Anordnung B/4). Die Entfernung des Krümmers von der Treibdüse beträgt dabei das 14fache, der Krümmerradius das 3,75fache des Treibrohrdurchmessers. Zur besseren Übersicht sind in der Abbildung die Ergebnisse von nur vier Durchmesserverhältnissen δ dargestellt. Die eingetragenen Meßpunkte entsprechen der untersuchten Anordnung. Zum Vergleich sind die eingezeichneten Kennlinien dem für

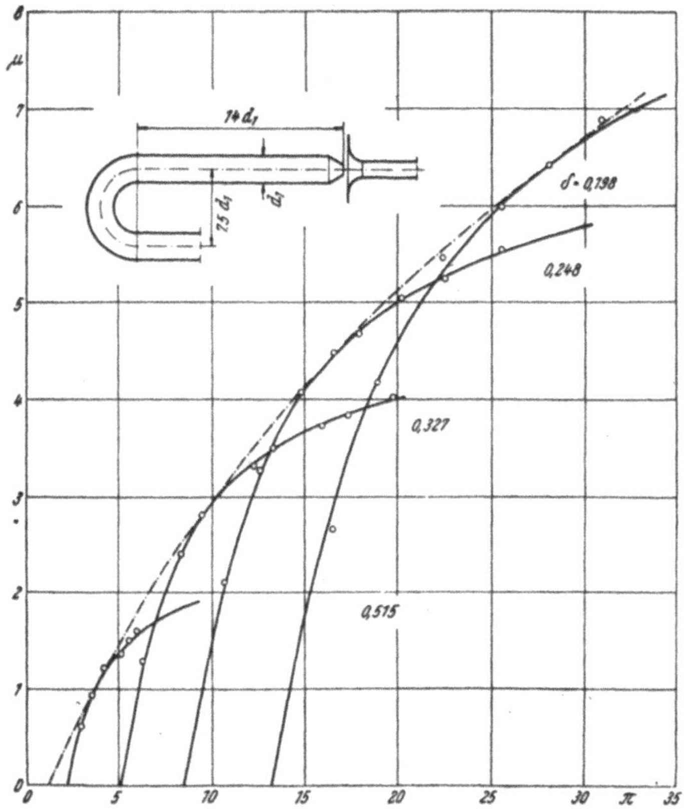

Abb. 52. Untersuchungen mit einem Krümmer in der Treibleitung. Vergleichsweise sind die Kennlinien für optimale Einbauverhältnisse eingetragen

optimale Einbauverhältnisse ermittelten Kennfeld (Abb. 48) entnommen. Es zeigt sich, daß die untersuchte Anordnung keine meßbaren Abweichungen von den optimalen Kennlinien verursacht. Infolge der Länge der geraden Rohrstrecke zwischen Krümmer und Treibdüse dürfte der durch den Krümmer entstandene Drall doch so weit abgeklungen sein, daß er keinen schädlichen Einfluß auf die Leistung ausübt. Die Versuche mit der Dralldüse (Abschn. 5.21) zeigen jedoch, daß sich dort der im Treibstrahl erzeugte Drall leistungsmindernd auswirkt. Es ist daher als sicher anzunehmen, daß bei Verkleinerung des Krümmerhalbmessers und des Abstandes zwischen Krümmer und Treibdüse infolge des dadurch stärker werdenden Dralls eine Wirkungsgradverschlechterung eintritt. Muß in der Treibleitung ein Krümmer angeordnet werden, so sollten daher die Verhältnisse nicht wesentlich ungünstiger sein als bei der untersuchten Anordnung.

Im Saugstrom ist, wie bereits aus Abschn. 5.25 bekannt, auf vollkommen achsensymmetrische Zuströmung zur Fangdüse zu achten, da sich

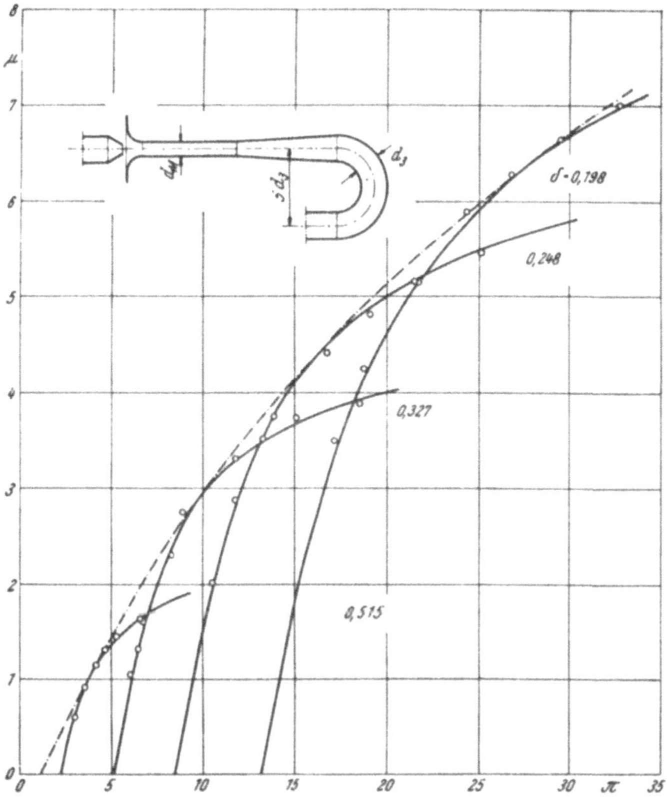

Abb. 53. Untersuchungen mit einem Krümmer in der Druckleitung. Vergleichsweise sind die Kennlinien für optimale Einbauverhältnisse eingetragen

Unsymmetrien hier äußerst wirkungsgradmindernd auswirken. Wird z. B. der Ejektor direkt in einen Pumpensumpf verlegt, ist dieser reichlich zu bemessen und zwischen Fangdüse und Boden noch genügend Raum freizulassen.

Die Ergebnisse der Messungen mit einem Krümmer in der Druckleitung zeigt Abb. 53. Der Krümmer, dessen Halbmesser das 2,5fache des Rohrdurchmessers beträgt, schließt unmittelbar an den Diffusor an. Es wird wieder die gleiche Darstellungsweise wie in Abb. 52 benützt. Die Meßpunkte liegen, abgesehen von der üblichen Streuung, auf den

Kennlinien, die den optimalen Einbauverhältnissen entsprechen. Ein Krümmer in der Druckleitung ist also auch bei Anordnung unmittelbar nach dem Diffusor des Ejektors ohne Einfluß auf den Wirkungsgrad.

5.5 Kavitationsverhalten

5.51 Bestimmung der Kavitationsgrenze

Die Kavitationsgrenze wird für alle Durchmesserverhältnisse in Abhängigkeit von Treib- und Saugdruck bzw. Gegendruck bestimmt. Nach Abschn. 2.5 wird dabei für ein bestimmtes Durchmesserverhältnis δ die Kavitationszahl

$$\sigma = \frac{H_2 + B}{H_1 - H_2} \tag{40}$$

bei konstant gehaltenem Druckverhältnis π variiert und so ihr jeweils kritischer Wert σ_k festgestellt. Die Versuche erstrecken sich über den interessierenden Bereich der betreffenden Kennlinie, wodurch man den Verlauf der kritischen Kavitationszahl σ_k in Abhängigkeit vom Druckverhältnis π erhält.

Der Kavitationseintritt wird akustisch, und zwar mit Hilfe eines am Ende der Mischkammer montierten Mikrophons bestimmt, durch dessen Anwendung die Kavitation in einem frühen Stadium verläßlich wahrge-

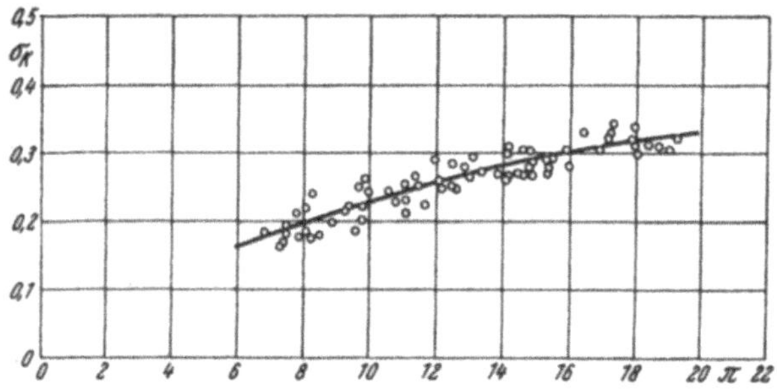

Abb. 54. Ermittlung des kritischen Kavitationsbeiwertes in Abhängigkeit vom Druckverhältnis für $\delta = 0{,}327$

nommen werden kann. Der Ort der Geräuschabnahme an der Mischkammer ist dabei ohne Bedeutung, weil sich gezeigt hat, daß an beliebigen Stellen der Mischkammer die Kavitationsgeräusche gleich stark zu hören sind.

Der normale Mischvorgang teilt sich dem Beobachter als gleichmäßiges Rauschen mit. Als erstes wahrnehmbares Kavitationsgeräusch tritt ein dem normalen Strömungsgeräusch überlagertes unregelmäßiges leises Prasseln auf, das am besten mit dem Prasseln von kochendem Fett zu vergleichen ist. Mit zunehmender Kavitation werden die geschilderten Geräusche immer häufiger, um schließlich in ein kontinuierliches Knattern überzugehen, das an Intensität und metallischer Härte immer mehr zunimmt.

Infolge der subjektiven Methode zur Feststellung des Kavitationseintrittes streuen die einzelnen Meßpunkte dieser Versuche stärker, wie auch aus Abb. 54 zu entnehmen ist. Diese Abbildung zeigt als Beispiel die Ergebnisse der Versuche mit der Treibdüse von 33 mm Austrittsdurchmesser ($\delta = 0{,}327$). Die maximalen Abweichungen vom Mittelwert betragen dabei für $\pi = 6$ ungefähr $\pm 20\,\%$ und für $\pi = 20$ ungefähr $\pm 10\,\%$. Um den Verlauf der kritischen Kavitationszahl σ_k in Abhängigkeit vom Druckverhältnis verläßlich bestimmen zu können, ist daher eine große Anzahl von Versuchen notwendig.

Die so für die einzelnen Treibdüsen bestimmten Kurven werden im Diagramm nach Abb. 55 zusammengefaßt. Die gestrichelte Kurve verbin-

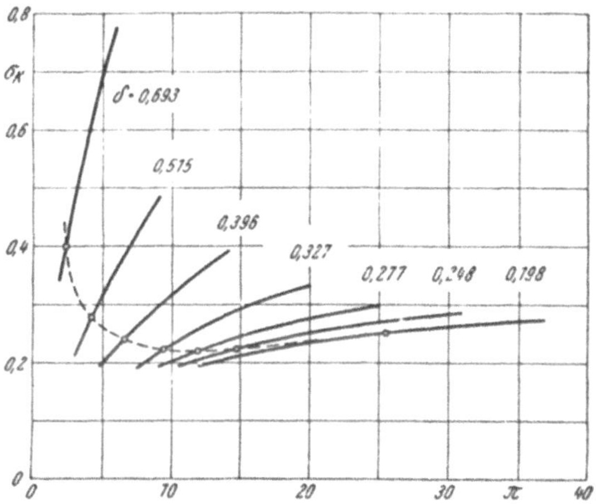

Abb. 55. Kritische Kavitationsbeiwerte σ_K in Abhängigkeit vom Druckverhältnis

det die kritischen Kavitationsbeiwerte der Betriebspunkte mit optimalem Wirkungsgrad. Hinsichtlich der Kavitationsempfindlichkeit am günstigsten erweist sich ein Ejektor mit $\delta \approx 0{,}3$ beim Druckverhältnis $\pi \approx 11$, weil dort der Kavitationsbeiwert σ_k ein Minimum hat.

Die Versuche bestätigen die in Gl. (39) zum Ausdruck kommende Tatsache, daß der kritische Kavitationsbeiwert ausschließlich vom Druckverhältnis π und nicht von den absoluten Drücken abhängt.

Die Kavitationsempfindlichkeit kann auch sehr gut durch die bei Kavitationsbeginn herrschende Saughöhe veranschaulicht werden. Aus Gl. (40) ergibt sich für die bei Kavitationsbeginn ($\sigma = \sigma_k$) herrschende Saughöhe in m WS die Beziehung

$$H_{2\,krit} = \sigma_k\,(H_1 - H_2) - B. \tag{47}$$

Für konstantes σ_k ($\delta =$ konstant, $\pi =$ konstant) ist dies die Gleichung einer Geraden, die in Abb. 56 beispielsweise für $B = 9$ m WS, $\delta = 0{,}248$ und $\pi = 16{,}5$ (optimaler Wirkungsgrad) eingezeichnet ist. Aus dem Diagramm geht hervor, daß das Ansaugen aus einem Becken, dessen Spiegel tiefer als der Strahlapparat liegt, nur dann ohne Kavitation möglich ist, wenn $(H_1 - H_2)$ kleiner als ca. 30 m ist. Dies trifft bei den von STEINWENDER[11] gebauten Ejektoren zu, weshalb dort das Kavitationsproblem auch nicht aufgetreten ist. Ist $(H_1 - H_2)$ größer als ca. 30 m, dann sind für kavitationsfreien Betrieb gewisse Zulaufhöhen notwendig. Wenn bei großen Zulaufhöhen ein offener Pumpensumpf nicht mehr möglich ist, dann muß der Ejektor wie bei den Wasserversuchen in einem Kessel angeordnet werden.

Ist bei einem gegebenen Betriebsfall der aus Treib- und Saugdruck berechnete Kavitationsbeiwert σ kleiner als der betreffende kritische Wert σ_k, d. h. die vorgesehene Saughöhe kleiner als $H_{2\,krit}$, dann muß, wenn

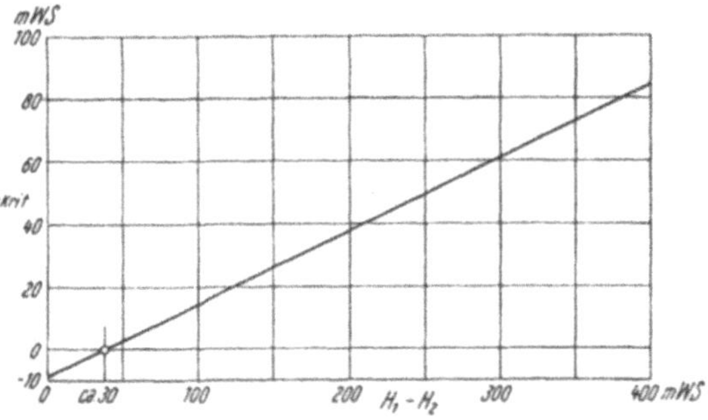

Abb. 56. Saugdruck bei Kavitationseintritt für $\delta = 0{,}248$ und $\pi = 16{,}5$

keine Kavitation auftreten soll, zur Vergrößerung der Zulaufhöhe und somit des Wertes σ der Ejektor tiefergelegt werden. Zum Beispiel bei Anordnung in einem Schacht muß dieser vertieft werden, oder ein an einem Berghang vorgesehenes Pumpwerk muß weiter talwärts verlegt werden. Dadurch werden, von den geringen Änderungen der Rohrreibungsverluste abgesehen, auch Treib- und Gegendruck um denselben Betrag größer, die Differenzen der Drücke und damit der Wert π bleiben aber praktisch unverändert.

Eine weitere Möglichkeit zur Vermeidung der Kavitation besteht in der Verkleinerung des Durchmesserverhältnisses bei gleichbleibendem Druckverhältnis. Dadurch wird bei unverändertem σ das betreffende σ_{krit} verkleinert. Diese Maßnahme bedingt jedoch sowohl eine gewisse Wirkungsgradverschlechterung als auch eine Verteuerung des Ejektors wegen des größeren Mischkammerdurchmessers.

5.52 Wirkungsgradverlauf und Betriebsverhalten im Kavitationsbereich

Da sich in verschiedenen Fällen ein Betrieb im Kavitationsbereich nicht vermeiden läßt, ist die Untersuchung des Wirkungsgradverlaufes im Kavitationsbereich von großem Interesse. Als Beispiel sei in Abb. 57 das Ergebnis dieser Untersuchung für das Durchmesserverhältnis $\delta = 0{,}327$ wiedergegeben. Es wird bei konstantem Druckverhältnis $\pi = 9{,}0$ (optimaler Wirkungsgrad) der Grad der Kavitation variiert. Die

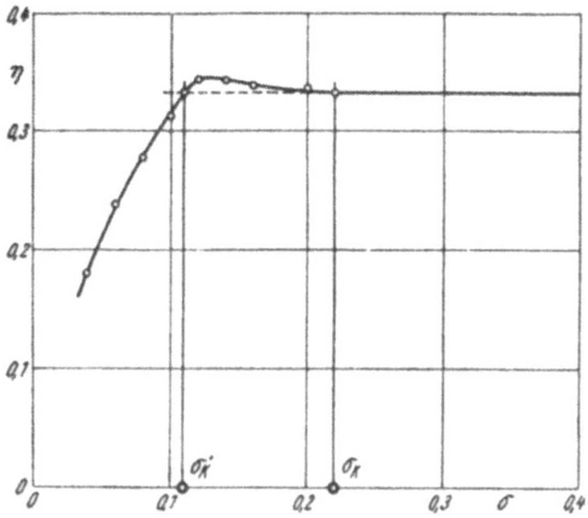

Abb. 57. Wirkungsgrad in Abhängigkeit vom Kavitationsbeiwert für $\delta = 0{,}327$ und $\pi = 9{,}0$

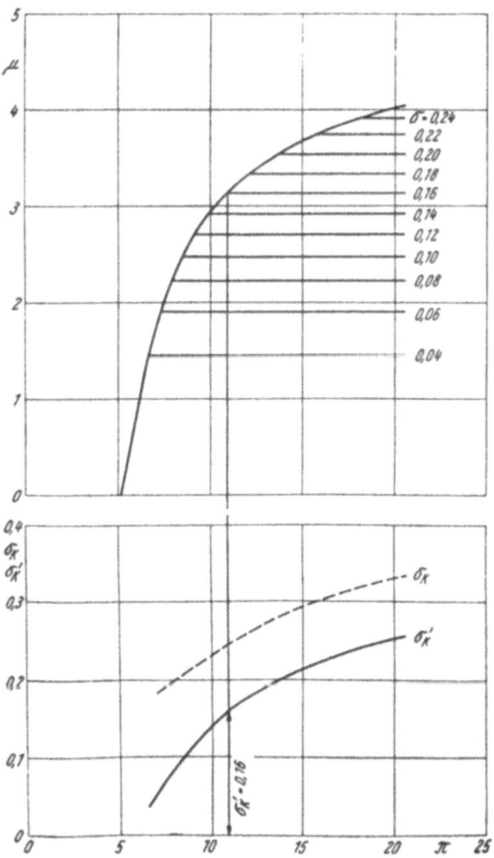

Abb. 58. Kennlinien im Kavitationsbereich und kritischer Wert σ_K' in Abhängigkeit vom Druckverhältnis für $\delta = 0{,}327$

dabei gemessenen Wirkungsgrade sind in Abhängigkeit vom Kavitationsbeiwert σ aufgetragen. Man sieht, daß mit stärker werdender Kavitation der Wirkungsgrad zuerst um einen geringen Betrag ansteigt und dann wieder abfällt. Bei einem Wert der Kavitationszahl $\sigma = \sigma_k'$ erreicht er wieder die ursprüngliche Höhe. Diese Verbesserung des Wirkungsgrades im Kavitationsbereich, die hier im Maximum 1,3 % absolut (das sind fast 4 % relativ) ausmacht, ist eine auch bei Turbinen und Pumpen bekannte Erscheinung. Wird der Kavitationsbeiwert kleiner als σ_k', dann

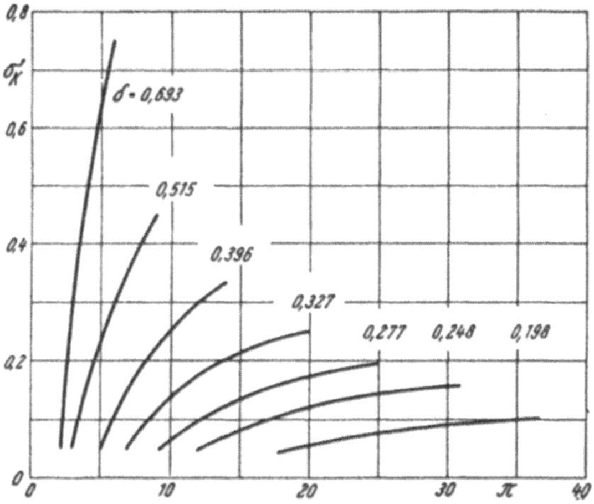

Abb. 59. Kritische Kavitationsbeiwerte σ_K' in Abhängigkeit vom Druckverhältnis

fällt der Wirkungsgrad sehr stark ab. Dieses Meßergebnis ist ein Beweis für die Richtigkeit der im Abschn. 2.5 angestellten Überlegung, nach welcher auf die Existenz des kritischen Wertes σ_k' geschlossen wurde.

Die Tatsache, daß erst bei Unterschreitung des Wertes σ_k' ein Wirkungsgradabfall eintritt, ist äußerst wichtig für den Entwurf von Ejektoranlagen. Wenn nämlich ein Tieferlegen des Ejektors oder andere Maßnahmen zur Vermeidung der Kavitation nicht möglich sind, kann also auch ohne Wirkungsgradeinbuße der Betrieb im Kavitationsbereich stattfinden, so lange $\sigma > \sigma_k'$ ist. Man nimmt dabei allerdings starke Geräuschbildung und Erschütterungen in Kauf.

Der Verlauf des Wertes σ_k' über π wird bestimmt, indem die Kennlinien im Kavitationsbereich für konstante Werte der Kavitationszahl aufgenommen werden. Dabei bleibt ab einem bestimmten Wert von π das Gewichtsverhältnis μ konstant, das heißt, für $\sigma < \sigma_k'$ ist das Gewichtsverhältnis nur eine Funktion der Kavitationszahl. Die Abb. 58 zeigt die Kennlinien im Kavitationsbereich für das Durchmesserverhältnis $\delta = 0{,}327$. Wegen der einfacheren Darstellung ist dabei die Wirkungsgradverbesserung zwischen σ_k und σ_k' unberücksichtigt gelassen. Die Abzweigungspunkte der horizontalen Kennlinienäste ($\mu =$ konstant) sind jene Punkte, für die der jeweilige Wert von σ gleich dem Wert σ_k' ist.

Entsprechend der Abbildung werden auf den Ordinaten, die durch diese Punkte gehen, die jeweiligen σ-Werte aufgetragen, wodurch man den Verlauf von σ_k' über dem Druckverhältnis π erhält. Zum Vergleich ist auch die kritische Kavitationszahl σ_k gestrichelt eingetragen.

Die auf diese Weise für die einzelnen Durchmesserverhältnisse erhaltenen Kurven sind in der Abb. 59 zusammengestellt. Für den praktischen Gebrauch vorteilhafter ist ein Schaubild, in dem für konstante Kavitationsbeiwerte die Durchmesserverhältnisse δ in Abhängigkeit vom Druckverhältnis π dargestellt sind. Dieses Diagramm, das sich aus den Abb. 55 und 59 leicht konstruieren läßt, ist in der Abb. 60 wiedergegeben.

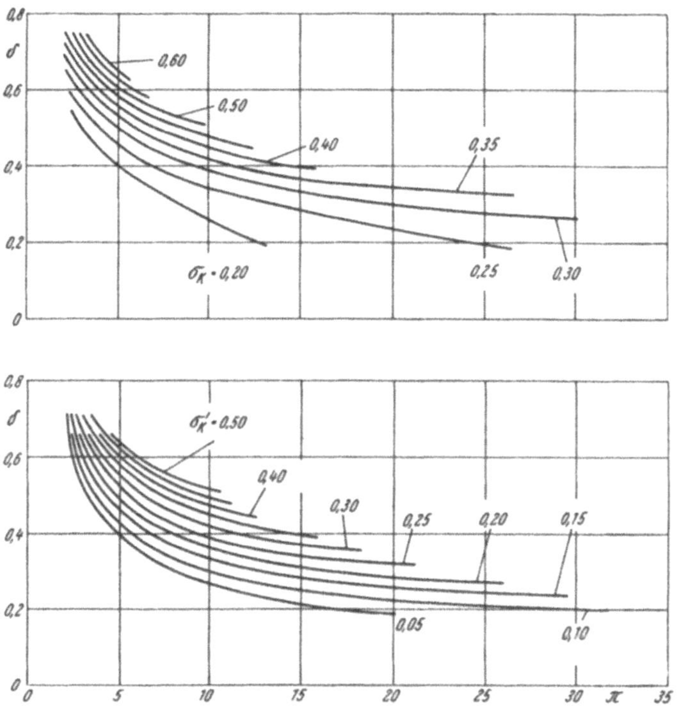

Abb. 60. Kritische Kavitationsbeiwerte

5.53 Materialverschleiß bei Betrieb mit Kavitation

Zur Feststellung des zu erwartenden Materialangriffes wird nach Abschluß aller übrigen Versuche die Anlage bei sehr starker Kavitation in der Mischkammer während 120 Stunden dauernd in Betrieb gehalten. Die der eingebauten Treibdüse mit 33 mm Durchmesser und dem dabei eingestellten Druckverhältnis $\pi = 8{,}9$ entsprechenden kritischen Kavitationszahlen betragen $\sigma_k = 0{,}22$ und $\sigma_k' = 0{,}11$. Dem eingestellten Treib- und Saugdruck entspricht $\sigma = 0{,}08$. Die Kavitation ist also sehr stark, und der Betriebspunkt liegt bereits im Bereich des verminderten Wirkungsgrades. Nach Beendigung dieses Versuches werden im letzten Drittel der Mischkammer und am Beginn des Diffusors punktförmige, schwachen Nadelstichen vergleichbare Angriffe festgestellt, deren Dichte etwa 20 Punkte pro cm^2 beträgt. Wird bei einer Beurteilung dieses Ergebnisses die Stärke der Kavitation und der Umstand berücksichtigt, daß die Mischkammer des Versuchsejektors aus handelsüblichen Stahlrohren, also aus nicht kavitationssicherem Material, hergestellt ist, so ist der Angriff als gering zu bezeichnen. Er wird bei Betriebspunkten, deren Kavitationszahlen nur wenig unter deren kritischen Werten σ_k liegen, sicher noch wesentlich geringer sein, weil dort die Verdampfung und vor allem die Implosionen der Dampfblasen nur im Inneren und nicht an der Wand der Mischkammer erfolgen. Es ist aber trotzdem zu empfehlen, die Mischkammer und den ersten Teil des Diffusors aus kavitationssicherem Material herzustellen oder damit auszukleiden, wenn mit Dauerbetrieb im Kavitationsbereich zu rechnen ist.

5.54 Zusammenfassung

Ejektoren zeigen beim Betrieb im Kavitationsgebiet hinsichtlich des Wirkungsgradverlaufes ähnliches Verhalten wie Kreiselmaschinen. Nach Eintritt der durch Geräuschbildung festgestellten Kavitation ($\sigma_k' < \sigma < \sigma_k$) erhöht sich der Wirkungsgrad. Diese Erscheinung dürfte auf Zähigkeitsänderungen in der Flüssigkeit zurückzuführen sein. Im Gebiet sehr starker Kavitation ($\sigma < \sigma_k'$) beginnt ein rascher Abfall des Wirkungsgrades. Im Gebiet zwischen σ_k und σ_k' spielt sich der Kavitationsvorgang im wesentlichen im Zentrum der Mischkammer ab, so daß Materialangriffe nur sehr geringfügig sind. In diesem Gebiet ist also ein Betrieb möglich, wobei aber gewisse Erschütterungen und Geräusche und ein wenn auch nur unbedeutender Materialangriff in Kauf genommen werden.

Bei voll ausgebildeter Kavitation werden bereits die Wandpartien der Flüssigkeit im letzten Teil der Mischkammer und im Eintrittsgebiet des Diffusors erfaßt, wodurch es an diesen Stellen zu Materialangriffen kommt. Der Angriff wird um so stärker, je mehr sich der Betrieb von σ_k' entfernt. In gleichem Maße verstärken sich auch die Geräusche und die Erschütterungen.

Es kann das Betriebsverhalten im Kavitationsbereich schon beim Entwurf des Strahlapparates berücksichtigt werden, indem man sich der versuchsmäßig ermittelten Kavitationsbeiwerte σ_k und σ_k' nach Abb. 60 bedient.

6. Zahlenbeispiel

Für folgenden Bedarfsfall soll ein Ejektor entworfen werden:

Es stehen 160 l/s Treibwasser zur Verfügung. Nach Festlegung der Treibleitung und Berücksichtigung der Rohrreibungsverluste ergibt sich die auf den Spiegel der zu fördernden Flüssigkeit bezogene Energiehöhe in der Treibleitung mit 64 m. Der Saugstrom soll gegen eine Druckhöhe von 7,8 m gefördert werden. Aus baulichen Gründen soll der Ejektor in einen Schacht gelegt werden, wodurch sich eine Zulaufhöhe von 4 m ergibt. Dadurch erhöhen sich auch Treib- und Gegendruck um den gleichen Betrag, und die Betriebsgrößen lauten:

$$H_1 = 68{,}0 \text{ m},$$
$$H_2 = 4{,}0 \text{ m},$$
$$H_3 = 11{,}8 \text{ m},$$
$$Q_1 = 160 \text{ l/s}.$$

Es ist festzustellen, welche Saugmenge unter diesen Bedingungen gefördert werden kann, wenn der Ejektor für optimalen Wirkungsgrad dimensioniert wird. Ferner ist zu untersuchen, ob Kavitation zu erwarten ist.

Aus den gegebenen Energiehöhen folgt nach Gl. (9) für das Druckverhältnis:

$$\pi = \frac{68{,}0 - 4{,}0}{11{,}8 - 4{,}0} = 8{,}2.$$

Damit ergibt sich aus der Abb. 48 ein optimales Gewichtsverhältnis

$$\mu = 2{,}45$$

und aus Gl. (6) eine sekundliche Fördermenge von

$$Q_2 = 392 \text{ l/s}.$$

Der Wirkungsgrad beträgt nach Gl. (27) (oder aus Abb. 49)

$$\eta = \frac{2{,}45}{8{,}2 - 1} = 0{,}34.$$

Da nun alle Betriebsgrößen festliegen, kann der Ejektor dimensioniert werden: Gl. (18) liefert die Austrittsgeschwindigkeit aus der Treibdüse

$$v_{Ta} = 0{,}98 \sqrt{2g\,(68{,}0 - 4{,}0)} = 34{,}7 \text{ m/s}$$

und die Kontinuitätsgleichung

$$\frac{d_{Ta}^2 \cdot \pi}{4} = \frac{Q_1}{v_{Ta}}$$

den Treibdüsendurchmesser

$$d_{Ta} = 76{,}5 \text{ mm}.$$

Der Abb. 51 wird nun das Durchmesserverhältnis

$$\delta = 0{,}355$$

entnommen, woraus sich der Mischkammerdurchmesser

$$d_M = \frac{d_{Ta}}{\delta} = 215{,}5\ \text{mm}$$

ergibt. Mischkammerlänge und Treibdüsenabstand folgen ebenfalls aus Abb. 51:

$$\frac{l_M}{d_M} = 8{,}0, \qquad l_M = 1720\ \text{mm},$$

$$\frac{t}{d_M} = 0{,}77, \qquad t = 166\ \text{mm}.$$

Treibdüse und Fangdüse sind entsprechend den Abb. 12 und 13 auszuführen. Schließlich wird der Öffnungswinkel des Diffusors mit

$$\alpha = 8^0$$

festgelegt. Um die Widerstände in der Druckleitung so gering wie möglich zu halten, wird die Austrittsgeschwindigkeit mit

$$v_3 = 3\ \text{m/s}$$

festgelegt, wodurch sich der Austrittsdurchmesser des Diffusors bzw. der Durchmesser der Druckleitung mit

$$d_3 = 500\ \text{mm}$$

ergibt. Es wären jetzt noch die Widerstände in der Druckleitung zu kontrollieren, wovon hier aber Abstand genommen wird.

Zur Untersuchung des Kavitationsverhaltens ist zunächst der Kavitationsbeiwert nach Gl. (40) zu errechnen. Als mittlerer Barometerstand des Aufstellungsortes wird $B = 9{,}5$ m WS angenommen. Damit ergibt sich

$$\sigma = \frac{4{,}0 + 9{,}5}{68{,}0 - 4{,}0} = 0{,}21.$$

Der Abb. 60 werden die kritischen Kavitationsbeiwerte mit

$$\sigma_k = 0{,}23$$

und

$$\sigma_k' = 0{,}13$$

entnommen. Dies bedeutet, daß unter den gegebenen Verhältnissen ein Betrieb knapp unterhalb der Kavitationsgrenze stattfindet.

Die Kavitation kann erstens durch Vergrößern der Zulaufhöhe H_2 bei gleichbleibender Dimensionierung und daher gleichbleibendem Wirkungsgrad oder zweitens durch Änderung der Dimensionen des Ejektors vermieden werden.

Im 1. Fall muß, um $\sigma > 0{,}23$ zu erhalten, die Zulaufhöhe nach Gl. (40)

$$H_2 > 5{,}2 \text{ m}$$

gemacht werden, wodurch eine Vertiefung des Schachtes um mindestens 1,2 m notwendig wird.

Im 2. Fall muß nach Abb. 60 das Durchmesserverhältnis auf mindestens

$$\delta = 0{,}31$$

gesenkt werden, damit

$$\sigma_k < 0{,}21$$

wird. Diese Maßnahme hat aber eine Vergrößerung des Mischkammerdurchmessers auf $d_M = 247$ mm bei gleichzeitiger Verkleinerung des Gewichtsverhältnisses auf $\mu = 2{,}2$ zur Folge. Die Saugmenge (Förderstrom) verringert sich dadurch auf $Q_2 = 352$ l/s.

Es ist nun zu entscheiden, ob eine der beiden Maßnahmen zur Vermeidung der Kavitation getroffen werden soll, oder ob die sicherlich geringe Kavitation, die materialmäßig leicht zu beherrschen ist, in Kauf genommen werden kann.

Literaturverzeichnis

[1] LORENZ, H.: Technische Hydromechanik. Berlin u. München: R. Oldenburg. 1910.

[2] WEYDANZ, F.: Die Vorgänge in Strahlapparaten. Beiheft 8 zur Zeitschrift f. ges. Kälteindustrie (Reihe 2). Berlin: 1939.

[3] FLÜGEL, G.: Berechnung von Strahlapparaten. VDI-Forsch.-Heft 395, 1939.

[4] FLÜGEL, G.: Berechnung von Strahlapparaten. Z. VDI, *83,* 1065, 1939.

[5] VIKTORIN, K.: Untersuchung turbulenter Mischvorgänge. Forschg. Ing.-Wes., *12,* 16, 1941.

[6] VDI-Durchflußmeßregeln. 6. Ausgabe, 1948. Düsseldorf: Deutscher Ingenieur-Verlag.

[7] WUEST, W.: Turbulente Mischungsvorgänge in zylindrischen und kegeligen Fangdüsen. Z. VDI, *92,* 1000, 1950.

[8] STEINWENDER, A.: Über Düsen, Wasserstrahlpumpen und Heber. Österr. Wasserwirtschaft, *2,* 45, 1950.

[9] SCHULZ, F.: Modellversuche für Wasserstrahl-Wasserpumpen. Abhandlungen des Dokum. Zentrums f. Technik und Wirtschaft, Wien, H. 3, 2. Aufl., 1952.

[10] VOGEL, R.: Über die Auslegung von Strahlapparaten. Maschinenbautechnik, *4,* 525, 1955.

[11] STEINWENDER, A.: Die Bedeutung der Wasserstrahl-Wasserpumpe im Betrieb der Wiener Wasserwerke. Der Aufbau, Wien, *10,* 228, 1955.

[12] VOGEL, R.: Anwendungsmöglichkeiten von Strahlapparaten. Maschinenbautechnik, *5,* 247, 1956.

[13] VOGEL, R.: Theoretische und experimentelle Untersuchungen an Strahlapparaten. Maschinenbautechnik, *5,* 619, 1956.

[14] SCHULZ, F. und K. H. FASOL: Zur Frage der Anwendung von Wasserstrahlpumpen. Österr. Wasserwirtschaft, *9,* 6, 1957.

Sachverzeichnis

GPSR Compliance

The European Union's (EU) General Product Safety Regulation (GPSR) is a set of rules that requires consumer products to be safe and our obligations to ensure this.

If you have any concerns about our products, you can contact us on ProductSafety@springernature.com

In case Publisher is established outside the EU, the EU authorized representative is:

Springer Nature Customer Service Center GmbH
Europaplatz 3
69115 Heidelberg, Germany

Batch number: 10577876

Printed by Printforce, the Netherlands